私的甘もの放談

Les gâteaux et le thé
enrichissent notre vie.

内田真美

Mami Uchida

はじめに

甘いものを挟んで、いつものように話し込む。

時間は昼下がりが多く、わが家でお菓子とお茶を用意して友人たちを待つことが多い。あの方は何がお好きだったかしら？　これはあの方のお口に合うだろうか？　このお茶と今日のお菓子との相性は？　季節に沿っているだろうか……などと考えながら、家で作ったお菓子や、そのとき一緒に食したいお菓子を用意する。友人たちの好みに合わせ、今召し上がっていただきたいお菓子を選ぶのは、日常の中で最上の時間のひとつとなっています。

また、自分や家族のためにいつものお店で好きなお菓子を求めたり、好きな喫茶室でひとり穏やかに過ごしたり、家族と楽しく談笑したりする時間も、日々の大切な保養です。

旅先の市場やお店を巡って出合った二度とお目にかかれないようなお菓子、本でしか見たことがなかったお菓子、それらを求めて食した経験。その土地で長らく営まれている喫茶室に異邦人として寄り添うように過ごした時間。さまざまなお菓子とお茶にまつわる記憶が折り重なるように蓄積されて、日常のお菓子とお茶の時間が自分にとって、さらにかけがえのないものになっていきます。

それは、お茶をともにして話す友人たちもそうなのだと思う場面が多々あります。そこに行き着くまでには、どのような道を辿ってこられたのだろうか。どのような風景があり、自分の好みを知り、それを選んできたのだろうか。紡がれる作品や言葉の背景、お菓子を提供する友人が甘い喜びを届けてくださるようになった経緯、そのお菓子をどのように届けたいと思ってらっしゃるのか。友人の話に耳を傾けているうちに、新しいお菓子やお茶に出合い、その情景を夢想し、自分を投影してしまう。次の旅先への新しい手がかりの芽吹きが見えたような気持ちになり、胸が高まる瞬間でもあります。

友人たちとの私的な話は、何度も反芻して自分の新たな蓄積のひとつとなります。普段の会話の中ではじっくりと聞けていなかったことを、この機会に改めて聞いてみたいと思いました。その話は、私だけが聞くのではもったいない。

いつものように、いつも以上に。わが家で、または友人宅やお店で。甘いものを挟み、その方の甘いものへの道程、愛する日常菓子、ハレの菓子、印象に残る喫茶など、甘いものについてのお話を伺いました。

敬愛する友人たちとの甘いものにまつわるお話を、みなさまにおすそわけできましたなら幸いです。

目次

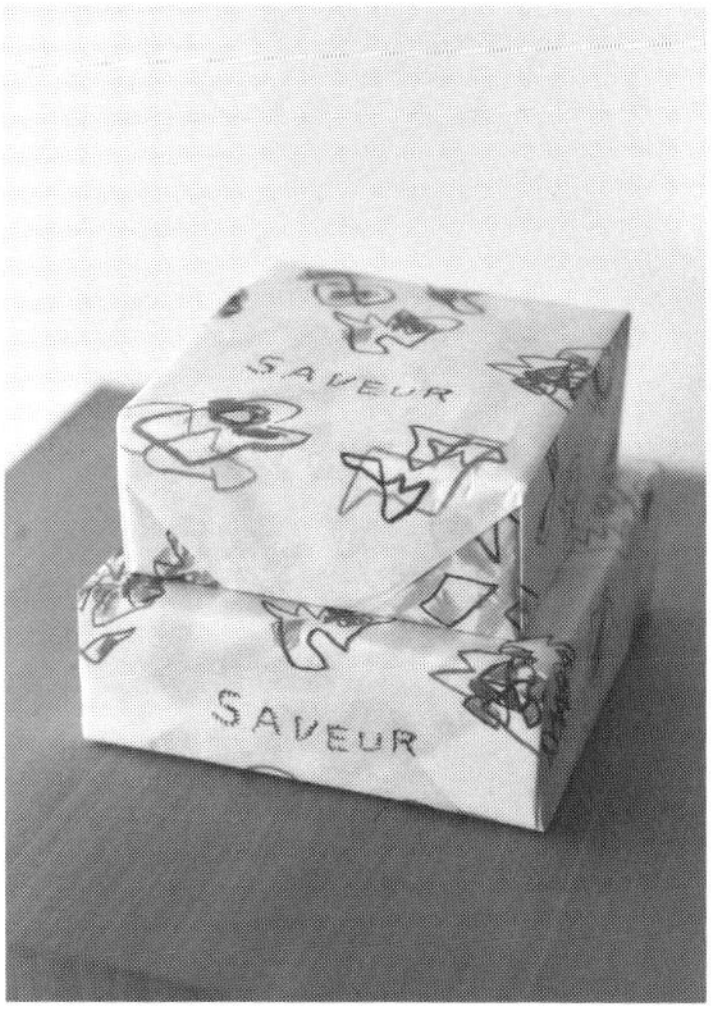
SAVEUR
SAVEUR

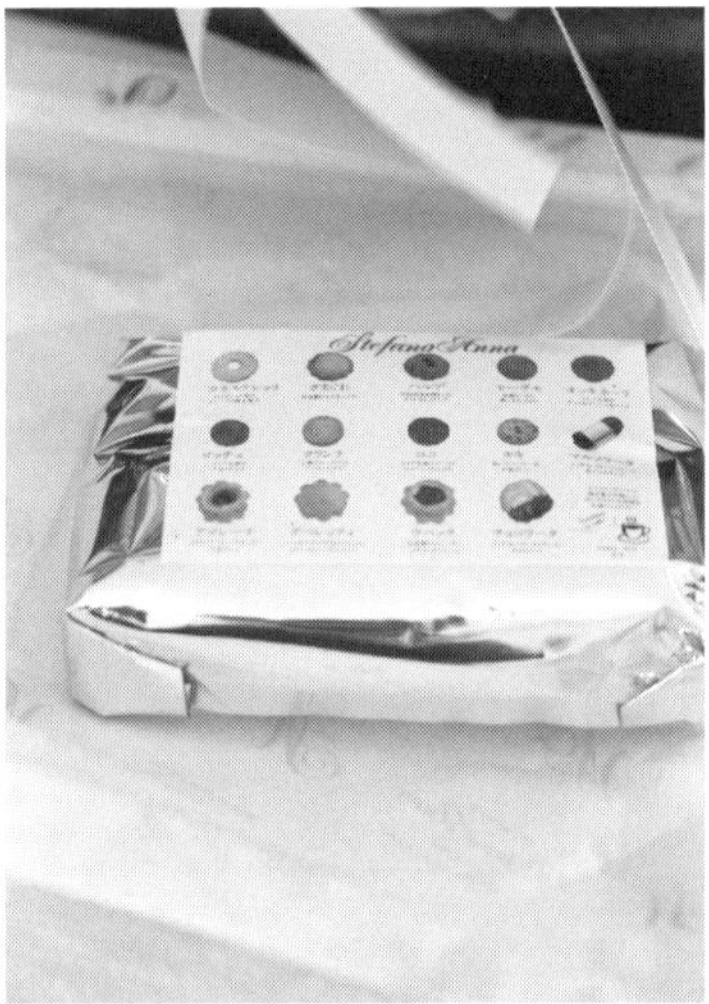

アートディレクション　須山悠里
デザイン　横山　希
写　真　吉田　歩
対談・構成　田中のり子
DTP　川里由希子
校　正　東京出版サービスセンター
編　集　村上妃佐子（アノニマ・スタジオ）

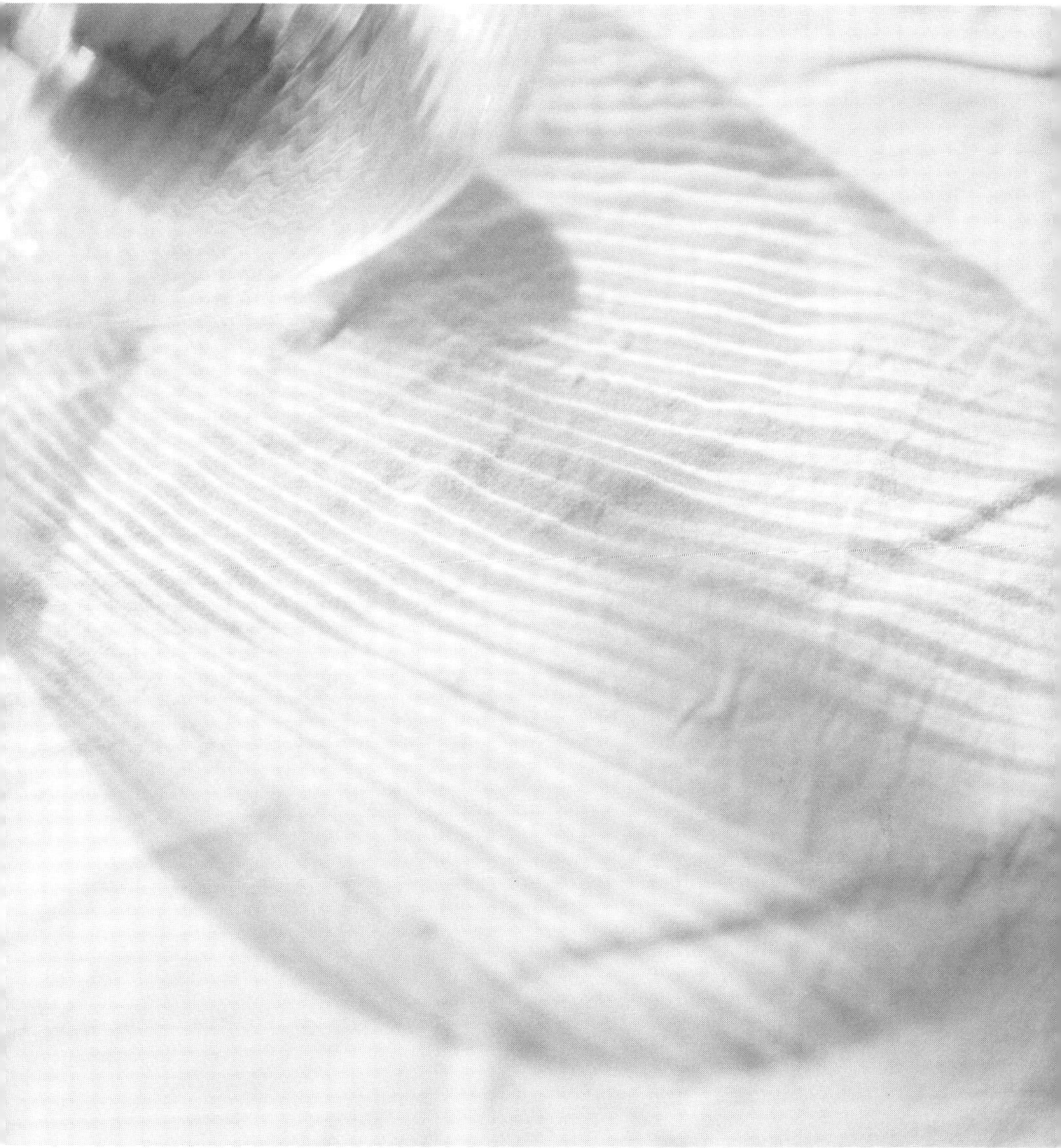

1

山本祐布子

mitosaya 薬草園蒸留所

イラストレーター

ずっと憧れている方です。絵はもとより、料理にお菓子に裁縫にと、祐布子さんの作品には、いつも目を奪われます。そして、さりげないお心遣いと大らかさと朗らかさ。都内にお住まいのときも素敵でしたが、現在の緑溢れる「mitosaya」での祐布子さんから醸し出される佇まいは、まさに「豊饒」という言葉を体現しているように思います。

Yuko Yamamoto

京都精華大学テキスタイル学科卒業後、イラストレーターとして活動を開始。雑誌や書籍、広告、プロダクトデザインのディレクションなど幅広い分野で活躍する。パートナーの江口宏志さんと、二〇一八年より千葉県大多喜町にある「mitosaya 薬草園蒸留所」の運営に関わると同時に、お茶やシロップ、ジャムなどの加工品を担当している。私生活ではふたりの女の子の母でもある。

内田真美（以下U）「いちばん印象に残っているお菓子は何ですか？」と尋ねられると、私は「祐布子さんが準備して、子どもたちがデコレーションをした、あの夏のケーキ」とお答えするんです。あれは本当に感激した思い出のお菓子です。

山本祐布子（以下Y）懐かしい！　こちらに引っ越してきて、まだ「mitosaya」がオープンする前に、（料理家の細川）亜衣さんと真美さんが、娘さんを連れて遊びに来てくれた日のことですね。

U　祐布子さんが土台となる桃のショートケーキをご用意してくださっていたんです。「ブルーベリーやお花、ハーブを摘みに行きましょう」と、かごを持って薬草園の中を散歩して、部屋に戻ったらみんなで飾りつけをして。子どもたちがとても楽しそうで、大人が考えてデザインするものとは違う、作為のないデコレーションが可愛いかった。温室でいただいたお食事も素晴らしく、自分の中では夢のような出来事として思い出に刻まれているんです。

Y　嬉しいな。家ができあがる前で、「こんな小さいキッチンで作っているの？」と、友人みんなに心配されていた時期ですね（笑）。

U　お菓子だけでなく、祐布子さんの作られるお料理も大ファンです。美味しいのはもちろん、ハッとするような色の組み合わせとかが素晴らしく……やはり絵を描かれているから？

Y　意図的に色彩をどうしようと思うことはないけれど、とにかく「今」を味わうことに集中する感じです。作り手の方にいただいた野菜や果物、薬草園で育つハーブなど、「今」集まってきたものを、できるだけ美しく、美味しく。(ケーキを切り分け) こちら、お口に合うといいのですが。

U わあ、嬉しい。祐布子さんお手製のシフォンケーキ。シフォン大好きだけど、わが家のオーブンは庫内が低めで、型に対して充分な高さがないから、焼くことは稀なんです。だから外で喫茶するときは、よく注文してしまいます。

Y 園内をのびのび歩きまわっている鶏が産んだ卵を使ってますから、味は濃いと思いますよ。二種類のクリームには「mitosaya」のブランデーをそれぞれ入れてみました。加減はお好みですが、ゆるく泡立てた生クリーム一〇〇gに対し、大さじ½くらい。こっちが「フィグ」で、こっちが「サマーネーブル」です。

U すごくしっとりしています。口の中でしゅわっとして、卵の風味がとてもいい。そして生クリームがすごい効果的ですね。美味しい……!

Y 真美さんが焼いてきてくださった「プルーンシナモンレイヤーケーキ」もすごく美味しい。じゅわっとしたプルーンと、シナモンの風味と……種は取り除いてあるのに、ヘタを少し残しているところが、すごく可愛い。

U ふふふ。分かっていただけましたか(笑)。生のプルーンは、水分が比較的少なめなので、焼き菓子向きなんですよね。ところでなぜ「mitosaya」のブランデーは、こんなに果実の香りが残っているんですか?

Y やはり大量生産品ではない、旬の果物を使っていることと、細やかな醸造の技術でしょうか。果物は酒造用ではなく、食用に育てられたものを使ってい

て、サイズが小さいといった理由で出荷できないものが「ロスフルーツにしたくない」と、うちに集まってくるんです。日本の果物は、すごく品質がいいですよね。農家さんと直接やり取りしているので、いちばんいい状態で収穫した、新鮮なものが届くのも有難いです。

U　ブランデーは他のお菓子にも活用なさったりしますか？

Y　パウンドケーキに入れて焼いたり、焼き上がったあとに、シロップ代わりに塗ったりすることもありますね。あと、ジャムには必ず。この間いちじくのジャムを煮たときは、カスク（木樽）仕込みのいちじくのブランデーを入れました。

U　すごく贅沢！　お酒を入れてジャムを煮ると、全体がまとまり、ひとつ向こうに香りが残りますよね。会食したあとにワインやシャンパンが残ったら、私も必ずジャムを煮ます。アルコールは飛んで、果糖と砂糖だけではない、何かちょっと独特な風味が加わって、味のまとまりがよくなる。人にプレゼントするときに、「シャンパンで煮たんです」とお伝えすると「わっ！」と歓声を上げて喜んでくださるんです。

Y　まとめ役、なるほど……。いつも火を止めるちょうどいいタイミングを計りながら試行錯誤していたんですが、そういう風に考えると、何だか頼もしいですね。

U　「mitosaya」ではお酒以外にも、ジャムやシロップ、ハーブティーなど、祐布子さんが手掛けるものがたくさんありますよね。それらを作られるとき、どんなことに留意されていますか？

Y　ジャムに関しては、工程を増やすよりも、「ワンアクションでできることはないか？」と考えるようにしています。例えば「材料をフードプロセッサーで崩してみよう」とか「切り方を工夫してみよう」とか、以前はいろんなプロセスを経ることを考えたりしていたんですが、一回の火入れで煮崩れて完成になるなら、それを目指したいという意識になりました。今使っている大きな銅鍋がとてもよくて、繊維を崩してくれたり、トロッとした濃度に仕上げてくれたり、火を入れるだけで、いろんなことをやってくれるんです。

U　どこで火を止めるかでも、いろんな操作ができますよね。

Y　そうそう。だからひとつのアクションを大事に。時間も限られているし、あんまり手を加えすぎないようにしたいと思っています。

U　私も子どもが生まれてから、とにかく手数を踏めなくなったんですよ。動作が減ることで質が落ちるのは嫌なんですが、到達点が同じくらいになるのであれば、どれくらい手数を減らせるかは、すごく考えました。

Y　そうですよね。火の緩急は、本当に大事。衛生面を考えて長く火を入れることに気を取られている時期もありましたが、入れすぎるとハーブがダメになるし、お酒の香りも飛んでしまう。そこをどう引き算していくか。

U　季節ごとの素材を、いちばん魅力的に表現するための火入れ加減がありますよね。

Y　今年の春、苺が何百キロとすごい量が届いたんですよ。そこで私も、かなり鍛えられました。ちょっとツヤッとなって、「煮上がったな」と分かる瞬間がある。

U　変化を記憶できるから、回数を重ねることは本当に大事ですよね。そしてハーブティーはどんな風に組み立てを考えるんですか？　見た目がいつも美しくて、素晴らしいなと思っています。

Y　たぶんお茶のブレンドが、いちばん絵を描くときに近い感覚かもしれません。私は全部ハーブのお茶というのが得意ではなくて、必ずどこかに茶葉の旨みや豊かさを加えたいと思っています。ベースになるのが紅茶だったり、中国茶、ほうじ茶、煎茶だったり。そこに季節のハーブをひとつ加えて、香りや色彩などを考えながら、アクセントとなるものを足していく。あまりブレンドの勉強はしていないんですが、あくまで自分の感覚を中心にしています。

U　そういった構成なのですね。その感覚はすごく大切ですよね。あと、「mitosaya」は月に一回オープンデーを開催されていますが、そこにも豪華なお菓子の作り手さんが参加されていますよね。

Y　はい。過去には奥沢の「アサコ・イワヤナギ」[1]さんや、能登の「TEATON」[2]さんなど、私が好きだったり勝手に憧れたりしている方々に声をかけて、必ずうちの製品を使ったコラボレーションという形で、ご登場いただいています。

U　すごく贅沢。薬草園を訪れるお客さまたちにとっては、まさに夢の時間ですね。

1　PÂTISSERIE ASAKO IWAYANAGI…シェフパティシエール岩柳麻子さんが2015年に東京・等々力にオープンしたパティスリー

2　TEATON…セレクトショップ「PHAETON」オーナーの坂矢悠詞人さんが2020年に石川・加賀にオープンした会員制の紅茶専門店

同じ時代、同じ店に通っていた

U 祐布子さんは、喫茶室の原体験みたいなものはおありですか？

Y 中学生のときでしょうか、渋谷の神南にあった「アフタヌーンティー・ティールーム」[3]に母と一緒にお茶しに行って、もう「こんなに憧れを詰め込んだお店があるんだ」と感動しました。

U 同じです！ 私は長崎生まれなんですが、洒落たものを買うときは福岡に出て、そこで母と一緒に「アフタヌーンティー」でお茶したりしていました。母が「お洒落なお店で、お洒落なものを食べること」が大好きな人だったので（笑）。近辺には「F.O.B COOP」[4]や「アニエスb.」などもあって、お買い物も楽しみでした。「キハチ カフェ」[5]も母が好きで、ランチやお茶に行き、「トライフルロール」は、びっくりしました。

Y 果物と生クリームたっぷりのロールケーキ。「キハチカフェ」は、最初は青山の根津美術館のそばにありましたよね。広尾の「F.O.B COOP」のカフェは、当時の私には大人の空間だったなあ。

U 広尾店には上京してから行きましたが、階段を上って入るお店の雰囲気がすごく好きで。今は使っていないけど高校生のときに購入したデュラレックスのコップ、今も大切に持ち続けています。

Y あと影響を受けたのは、明治通り沿いの地下にお店があった頃の「Zakka」[6]。店主の吉村眸さんが、粉引の飯碗みたいな器でお茶を出してくださって、「こういう器でお茶を出していいんだ」と感動して。その頃から、どのお菓子、どのお茶というよりは、「お菓子とお茶のある風景」というものに、強い憧れを持つようになったんです。

3 Afternoon Tea TEAROOM…1972年創業の生活雑貨店「Afternoon Tea」のカフェ

4 F.O.B COOP…1981年創業、益永みつ枝さんがオーナーの輸入雑貨セレクトショップ（2015年閉店）

5 キハチカフェ…熊谷喜八シェフとサザビーが運営し、1987年に創業したレストランと洋菓子店「KIHACHI」のカフェ

6 Zakka…吉村眸さんが1985年に東京・神宮前にオープンした生活道具の店

U　分かります。どんな器や小物を選ぶか、そのまわりのインテリアや空気感。それらが合わさって「お茶の時間」や「お菓子の時間」がつくられるんですよね。大人になってからは、どんなお店によく行かれましたか？

Y　「パーク ハイアット東京」[7]が大好きなんです。実家の近所で、できたてのときは同じビルの「ザ・コンランショップ」[8]や「リビングデザインセンターOZONE」[9]とあわせて、入り浸っていました。

U　これまた私も同じ（笑）。自宅から自転車で気軽に行ける場所だから、娘が小さい頃から通い続けています。一度里帰り中の祐布子さんとばったりお会いしたこともありましたよね。一階の「ペストリー ブティック」と一階の「デリカテッセン」、どちらによく行かれます？

Y　できた当初はインテリアのお店を見て、「デリカテッセン」を覗くというのがお決まりのコースだったけど、最近は「ペストリー ショップ」のショーケースを「何て綺麗なお菓子なの！」とうっとり眺めながら選んで、テイクアウトして家族みんなで食べることが多いかな。以前真美さんにおすすめされた「トンカ豆とフロマージュブランのフラワータルト」、大きくて美味しくて、大満足でした。娘は「キャラメルバナナのシュークリーム」が大好きです。

U　私は「ペストリー ブティック」でケーキを選んで一階に運んでいただき、「デリカテッセン」で娘とランチをオーダーして、食後にそのケーキをシェアすることが多いです。「ペストリー ブティック」は何年かごとにシェフパティシエが交代するんですが、今のシェフのジュリアン・ペリネ氏が台北やシンガポールなど東アジアで経験を積まれたせいか、甘みや油分が強すぎず軽やかで、加減がちょうどいいんですよね。

7　パーク ハイアット東京…東京・西新宿にあるホテル

8　THE CONRAN SHOP…1973年にロンドンでオープンした、デザイナーのテレンス・コンラン氏のインテリアショップ

9　リビングデザインセンターOZONE…1994年にオープンした東京・西新宿にある住まいとインテリアのショールームと情報センター

憧れが詰まった堀井和子さんの世界

U　祐布子さんが憧れた「お菓子やお茶がある風景」、影響を受けた人や本、お店はありますか？

Y　元オリーブ少女ですから、やはり堀井和子[10]さんの存在はものすごく大きかったです。本はいろいろ持っていますが、『テーブルのメニューＡＢＣ』（文化出版局／一九九一年刊・絶版）という本は、全ページに穴が開きそうなほど読みました。

U　もちろん持ってます！　黄色い地色に黒い文字のハードカバーの本で、ひときわ素敵でしたよね。私は堀井さんを通じて料理研究家という職業を知って、憧れるようになったんです。小学校六年生の頃だったかな、友だちとお茶会をして。私だけ、よそ行きのワンピースに着替えたりして、「何で着替えたの？」って友だちが驚いてた（笑）。そのときも堀井さんが雑誌『オリーブ』に発表していたレシピを参考に、クロワッサンのサンドイッチやフルーツソースがかかったスチームパンプディングを作ったんですよ。

Y　堀井さんの本には、お洒落のすべてが詰まってましたよね。私も堀井さんのレシピをお手本に、ドライイーストのパンや、天板で焼いて渦巻きにするロールケーキを作るようになりました。

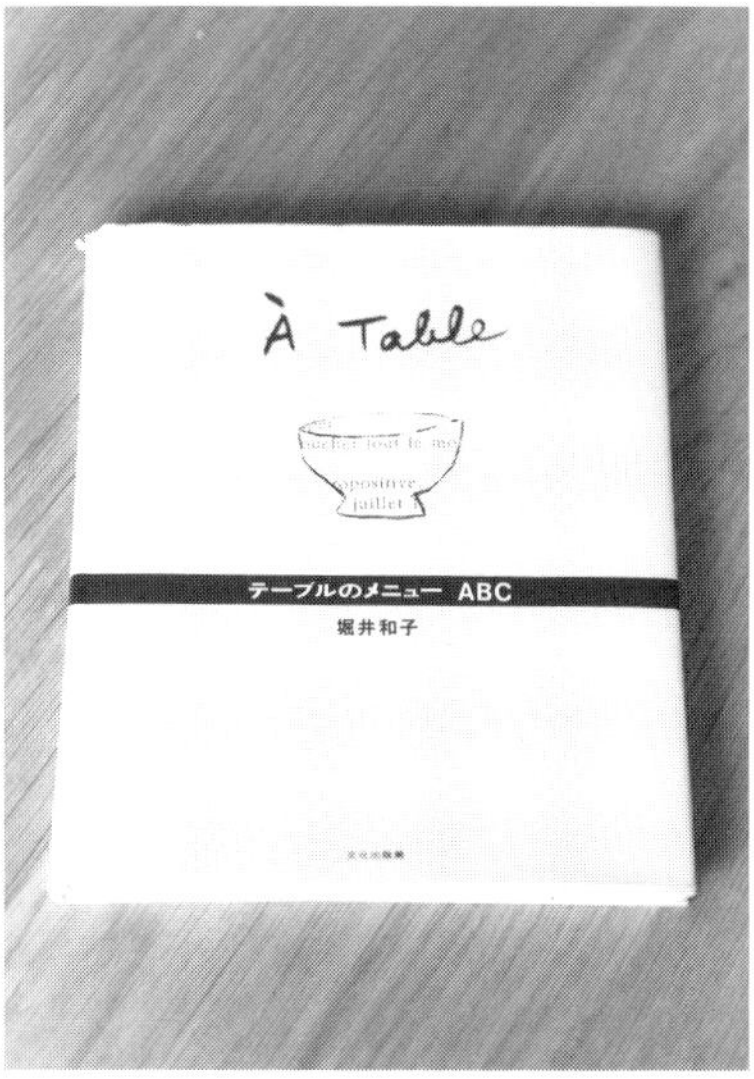

10　堀井和子…料理スタイリストを経て料理研究家、エッセイストとして活躍

U　私も「ルゲラッチ」、今は「ルゲラ」と呼ばれることの多いお菓子も作ったなあ。ベーキングパウダーの発酵生地に、ナッツやシナモンを挟んだ、ジューイッシュのお菓子。白馬出版のリング綴じの本も、四冊とも持っています。

Y　『ヴァーモントへの旅』（白馬出版／一九八八年刊・絶版）だったかな。マフィンの型にオイルを塗るのに、「スプレーを使っています」と書いてあったのが衝撃的で。「堀井さんが使う計量カップは、日本の二〇〇㎖のものじゃないんだ！」と、「パイレックス」の赤いラインのカップを買いました（笑）。

U　私も同じカップ買いましたよ。私は基本的にアメリカよりヨーロッパ派なのですが、堀井さんの『おいしいサンフランシスコの本』（白馬出版／一九八九年刊・絶版）を読んで、「ここは行ってみたい！」と、憧れが募りました。「シェ・パニーズ」[11]で食事がしたいし、「カフェ・ファニー」[12]に行ってみたいって。地方の長崎にいる私にとっては、自分の知らない外国の風を届けてくれる人だったんです。

Y　そうそう！「私もフランスの田舎町を車で旅してみたいし、インに泊まってみたい」って。ご本人が撮られた写真を見ると、今でも古びないですね。写真も正方形のトリミングがしてあったりして、今のインスタグラムの世界を先取りしてる。

U　私たち世代に刷り込まれているから、自分で構成しつつも、スタイリングして、構図を考えて、写真を撮って、という一連を知らず知らずにポストしてしまっているのかも。そうそう私、堀井さんが作られたジャムをいただいたことがあるんですよ。

Y　え！　それはすごい。うらやましい。

11　Chez Panisse…カリフォルニア州バークレーにある、アリス・ウォータース氏が1971年にオープンしたレストラン

12　Café Fanny…1984年にアリス・ウォータース氏がオープンしたオーガニックカフェ

U　今は吉祥寺にある雑貨店「CINQ」[13]がまだ原宿にあった時代、堀井さんが何度かイベントを開催されていて。遊びに行ったとき、店主の保里享子さんが「堀井さんからジャムをいただいたから、みんなで食べない?」と封を開けてくれたんです。そのとき、「中学生の私に教えてあげたい!」と感動しました。「あなたは将来、堀井さんが煮たジャムを食べる日が来るんですよ」って。

ドイツのお茶時間の思い出

U　祐布子さんは海外にもいろいろと旅行されていますよね。印象深かったお菓子や喫茶体験を教えてください。

Y　今思い出したのは、フィンランド旅行のとき。アルヴァ・アアルトが街づくりに大いに関わったユヴァスキュラの大学のカフェテリアみたいな場所で、お菓子が置かれたデザートコーナーがすごく印象的でした。焼き菓子は一種類だけなんだけど、それに添えるクリームが本当にたーっぷりと盛ってあったのが嬉しくて。生クリームのお菓子が大好物だし(笑)、マッシュポテトとか、添えものがどーんと用意されている景色が大好きなんです。

U　「お好きなだけどうぞ」、いいですよね。今日のシフォンケーキのサーブ方法に通じています。

Y　ちょっと酸っぱいサワークリームと甘くない生クリーム、両方添えられているとか。そういう様子に豊かさやときめきを感じるみたい。

U　パートナーの江口宏志さんが蒸留を学ぶために、ご家族でドイツにも半年間ほど住まれましした

13　CINQ…2002年にオープンした、保里正人さんと享子さんがオーナーの、生活雑貨のセレクトショップ

よね。どんな場所だったんですか？

Y　ドイツ南部の、スイスとの国境近くにあるアイゲルティンゲンという村にある蒸留所「スティーレミューレ」[14]にお世話になりました。すごく自然が豊かな場所でした。

U　近くに菓子店やお茶ができるお店などはありましたか？

Y　それがまったく（笑）。だからお菓子は必死になって作りましたね。といいつつ、オーブンの使い勝手がよく分からないのと、型もなかったので、オーブンを使わない手軽なものばかり。チョコレートのムースとか、ゼラチンを入れれば固まるチーズケーキやババロアとか。乳製品が美味しいのが有難かったです。あるとき、娘の幼稚園から持ち寄り会のお知らせが来て「ひとり一台、お菓子を持ってきて」とお達しが来て。

U　ええ～急に！　それは大変！

Y　そこで、型がなくてもできるバナナや柑橘類を入れたタルトを何とか作ったんですが、いざ会場に行ってみると、巨大サイズのお菓子ばかり。わが家の小さなタルトが恥ずかしいくらいでした。

U　外国に行くと、お菓子の型の大きさに驚きますよね。以前ウィーンを旅したとき、中欧圏だからクグロフの型を買ったんですよ。いちばん小さいサイズを買ったのに、家に持ち帰ったら、すごく大きくて。「この型を埋めるには一体、バターが何グラム必要なんだろう！」と、結局まだ一回も使えていないんです（笑）。

Y　私が体験したドイツのお菓子の思い出は、どれも大きい印象です。滞在先のご家族に誘われて、乗馬の発表会に出掛けたことがありました。そこのクラブのカフェテリアにずらーっと並んでいる

14　Stählemühle…2004年にスタートし、2018年に幕を閉じたクリストフ・ケラー氏の蒸留所

お菓子が……ひと切れ食べるだけで、一日分のカロリーがとれちゃいそうなケーキばかり。でもどれも美味しくて、ドキドキしつつもペロリと食べられちゃう。

U　乗馬の発表会に、カフェテリア。その単語だけで、すでに妄想が広がっちゃいます。

Y　アップルタルトは、日本のりんごと違って水分が少なく、味がキリッとしていて。それに、ガナッシュクリームたっぷりの三段重ねのフォレノワール。

U　ドイツ語だと「シュヴァルツヴァルダーキルシュトルテ」ですね。チョコレートとチェリーのケーキ、別名「黒い森のケーキ」。上から削られたチョコも振りかけられていて……聞いた話によると、そこにさらにザーネ（クリーム）をつけて食べる人もいるらしいですよ。

Y　そんなにクリームたっぷりなのに、やはり質がいいせいか、もたれない。あとチーズケーキも美味しかったです。あまり酸っぱくなくて、ゼラチンで固めたような、うるるっとした質感のチーズケーキ。

U　クワルク（ドイツのフレッシュチーズ）で作る、白っぽいケーキかしら。

Y　そうそう。風味がフレッシュで、フロマージュブランみたいなチーズのケーキでした。

Y　特別なお菓子はなくても、ドイツでは家族で過ごす「お茶の時間」がすごく大きな存在でした。お世話になった蒸留所はもともと出版社を営んでいた方が立ち上げた場所で、彼の邸宅の離れを借りていたんです。その建物が素敵で……二階は壁すべてが全面本棚になっている書庫で、「秘密の隠れ家」みたいな雰囲気。その部屋で、探検気分でお茶したり、あるいは外にトレーを持ち出したり、屋根に上って空を眺めながらお茶した日もありました。そんなときは、スーパーで買ったサブレとインスタントコーヒーでも充分なんです。娘たちと「今日はどこでお茶しようか？」と相談するのも、楽しくて。

U　すごく素敵。言葉も簡単には通じないし、異文化の中でご家族がぎゅっと結束して過ごしたのは、すごく濃密な忘れられない時間だったのではと思います。最近では、娘さんたちとのお茶時間はどのように過ごされていますか？

Y　だいたい午後三時から四時くらいに学校から帰ってきて、私もそのくらいまでに何となく仕事を終わらせて。彼女たちも大きくなってきて、それぞれ好きなものや自分の世界があるから、同じテーブルで、あっちはお煎餅とマンガ、こっちはお茶飲みながら、本や雑誌のページをめくり……という感じ。特に何か約束しているわけではないけれど、何となく自然と集まってきますね。

U　いいなあ。気配を感じながら各々で、ひと休みという感じですね。各々というのが、わが家も一緒です。お茶の時間のこだわりや、自分なりのルールみたいなものはありますか？

Y　何だろう。毎日慌ただしく過ごしているから、そのときだけはなるべくホッとできるように、とにかく片付ける。物理的に散らかっているものを整えたり、用事をそれまでに終わらせたり。

U　私も同じです。目に入るものすべてを、心地いい状態に整えてお茶をしたい。毎日忙しいから、「ああ、疲れた！」「今日はダメだあ」という日も、もちろんあるんです。でも心構えとしては、心地よく整えてからゆっくりお茶をしたいというのはありますね。

Y　最近、自分だけの小さなポットを手に入れたんですよ。もともと薬草園には「ハリオ」のガラスポットがあって。それまでの自分は「大きいほど豊か」みたいな価値観があったんですけど、「こんな小さなポットなら、ひとりでも楽しめるな」と思うようになりました。そのあと、ご近所のアンティーク好きな方から、何てことないひとり用の白磁のポットを譲っていただいたんです。

U　小さなポットいいですよね。中国茶のポットもおすすめですよ。ひとり分にちょうどいい。

Y　ポットひとつ分を飲み切る時間は、自分だけのためのもの。食事は、家族のためにと意識が向きがちだけど、お茶の時間だけは、自分のために。それを目指して、日中頑張る。もちろん、できない日が多いんですけどね（笑）。でもそこに、美味しいお菓子とお茶、読みたい雑誌や本なんかがあれば、もう最高。

U　私はひとりで行動することが多いし、外でお茶をしながら、街中の人の中で「自分ひとり」というのがすごく好きなんですよ。孤独を楽しめる時間があることが、嬉しいというか。仕事や家事は続いていくし、日常は常に慌ただしい。でも「お茶の時間まで、何とか頑張ろう」と。お茶をしている間は、自由。何を食べてもいいし、何を飲んでもいいし、何を考えてもいい。自分自身にやさしくする時間です。

Y　本当にそうですね。お茶の時間は、思い切り自分にやさしくする時間。自分にやさしくしていかないとね。

2

重信初江

料理研究家

愛し愛され、想われる方なのだと思います。方々から贈り物が届き、またそれ以上に初江さんがお贈りになっている。「お酒好き」と「お菓子好き」の一派は分かれがちですが、初江さんはどちらにも精通されています。お料理も東から西までオールラウンダーで、その知識の蓄積と行動力で、全方向の美味をご存知の方だと思っています。

Hatsue Shigenobu

服部栄養専門学校調理師科卒業後、織田調理師専門学校に助手として勤務。その後、料理研究家のアシスタントを経て独立。テレビや雑誌、書籍、料理教室の講師など、多方面で活躍する。昔ながらの家庭料理から、韓国をはじめとした世界各地を旅して出合った料理まで、幅広く手掛ける実力派。著書に『食べたい作りたい現地味 もっと！おうち韓食』（主婦の友社）他多数。

美味しいものの集中地点

内田真美（以下U）　私から見て、初江さんは「美味しいもの集中地点」なんです。料理家のみなさんはお土産で美味しいものをいただく機会が多いと思うのですが、質と量という点で圧倒的な気がします。

重信初江（以下S）　えー、そうなのかなあ？

U　お人柄が愛されているのはもちろん、「この方に食べてもらいたい」と思わせる力がおありなのかと。古今東西のお菓子をたくさんご存知なので、今日はその話をお伺いしたいなと思っています。今日は、初江さんには、私が作ったスコーンをご用意しました。

S　わあ、素敵。夢のよう。スコーンは二種類あるんですか？

U　ひとつは、いつも召し上がっていただいている、『私の家庭菓子』[1]の中で紹介しているレシピのスコーンで、もうひとつは卵を入れたタイプ。卵が入っているほうがホロッとした食感なんですよ。

S　一時期「スコーン病」にかかっていた時期があって、あらゆる場所でスコーンを買っていたんですけど、「こうじゃないんだよなあ」とがっかりすることも多くて。真美さんのはお招きいただいて焼きたてが食べられるからというのもあると思うんですけど、お土産でいただいたものを翌日食べてもすごく美味しい。一体何が違うんだろう？

U　外側はサクッとしてますけど、私のレシピは水分量が結構多いんです。そしてスコーンだけで成立するのではなく、クリームとジャムの土台としてのバランスで考えていて。日本ではなかなか

1 『私の家庭菓子』…2021年にアノニマ・スタジオから刊行した、季節の家庭菓子のレシピ集

これと思えるクロテッドクリームが手に入らないから、クロテッドクリームにサワークリームと生クリームを合わせて、イギリスで食したような、乳の香りが強めだけど、後味は軽いクロテッド風のクリームにしています。ジャムはルバーブとプラム、フランボワーズを合わせた夏のジャムです。

S　嬉しいな。卵が入っているほうがホロッとするって、何か不思議ですね。

U　卵が入ると生地が分断されたようになって、それがホロッとした食感につながるんです。でもイギリス本国では、日本人好みのザクッとしたアメリカンベイク的なスコーンって実はほとんど見られないんですよね。ロンドンのホテルでいただくアフタヌーンティーなど都市部では、腹割れしてない小ぶりな「ホテルメイド」と呼ばれるタイプが主流で、郊外に行くほど大きくなり、腹割れもパックリ、さっくりとした食感のスコーンになる傾向なんですよね。サクッとしているのに総じて口溶けがよく、スコーンは生地の甘みは少なめ。スコーンというものはクロテッドクリームとジャムをのせて完成するお菓子だということがよく分かります。そして初江さんのお土産も嬉しいです。

S　こちらは神保町にあるワインとタパスのお店「関山米穀店」[2]の「タルタ・デ・ケソ」。いわゆるバスクチーズケーキです。呑みに行ったときにデザートで出してくれるケーキが美味しくて。

U　食事の〆にきちんと美味しいデザートがあるの、本当に嬉しいですよね。そしてこちらのお菓子たちはすごく可愛い。

2　関山米穀店…東京・神田にある、関山真平さんオーナーの自然派ワインを豊富に取り揃えるスペイン料理店

S　うちの近所からも一軒。世田谷の「POPPY」[3]は季節のフルーツのガレットが人気なんですが、私はここの「パッションフルーツのキャラメルサンドクッキー」がすごく好きで。こちらのお店のお菓子は一部、「ツルミ製菓」の鶴見昂さんがプロデュースしていて、そのうちのひとつです。

U　ありがとうございます。「POPPY」行ったことがないんですよ。どんなお店なんですか？

S　お菓子好きな女の子の夢が詰まったようなお店なんですよね。味わいのあるアンティークのお皿に、見た目も可愛い焼き菓子がポンポンと並んでいて。マフィンとかも、すごく愛らしいんですよ。やっぱりお菓子って味はもちろん、そういう夢の部分がすごく大事だなあと思って。

U　分かります。夢を見させて欲しいですし、非日常の鍵としての役割があると思っています。

どんなお菓子を食べてきたか

U　初江さんが今まで食べてきた、お菓子の歴史をお伺いしたいんです。どんなタイプのお菓子がお好きなんですか？

S　私は、「甘さ控えめだったら食べないほうがいい」と思うくらい、ガツンと甘いお菓子が好きなんです。菓子店でいうと、やはり「オーボンヴュータン」[4]が心の基本ですね。

U　私も「オーボンヴュータン」は自分の中の主軸のひとつになっています。自分が育った地方には、当時ああいうフランス菓子がずらりと並ぶようなお店は皆無だったので、二十代の上京当時はまさに「夢の空間」という感じでした。

3　POPPY COFFEE and BAKERY…2022年にオープンした東京・世田谷にある焼菓子店。栃木・黒磯や都内に店舗を構える「SHOZO COFFEE」の新店

4　AU BON VIEUX TEMPS…1981年開業。東京・尾山台の河田勝彦シェフの老舗フランス菓子店

S　「オーボンヴュータン」出身の料理上手な友人がいるんですけれど、彼女には「粉は焼き切れ」という名言が（笑）。私もタルトなんかは、焦げる手前のしっかり焼き目がついたのが好きですね。

U　フランス菓子の中でも、かなり焼きが強いのがこちらの特徴ですよね。私は「カレ・アルザシアン」と「トゥルト・ピレネー」というお菓子が特に好きなんですよ。「カレ・アルザシアン」はパイ生地の間にフランボワーズのジャムを挟み、上にアーモンドスライスたっぷりのキャラメルをかけたお菓子。キャラメルの香ばしさとジャムの酸味、パイ生地の中までしっかりと火が入った香りの三重奏に、毎回唸ります。「トゥルト・ピレネー」はパスティス（アニス風味のリキュール）が香るバターケーキで、「もうひと切れ、もうひと切れ」と、あとを引く美味しさなんです。

S　私は「ガトーピレネー」（オレンジ風味の薪状の形をしたフランス・ピレネー地方の郷土菓子）とか、あと店名にもなっている「オーボンヴュータン」（洋梨が入った焼きキャラメルプリン）が大好き。若い頃は、この本（『暮しの設計No. 162　大人の浪漫が香る 洋菓子の世界』中央公論社／一九八五年・絶版）を読んで、いろいろ食べ歩きしたなあ。バブル期の前衛芸術的で挑戦的なお菓子がたくさん載っていて、すごく面白かったんですよ。

U　他に印象深いお店はありましたか？

S　「イル・プルー・シュル・ラ・セーヌ」[5]がまだ代々木八幡の近くにお店を構えていた時代に、いちばん驚いたのはブランマン

5　IL PLEUT SUR LA SEINE…1986年開業。オーナーパティシエである弓田亨シェフの東京・代官山にあるフランス菓子店

ジェ。それまでブランマンジェといえば、ゼリーみたいな固さばかりだったところを、口に入れたらすぐに溶けるくらいのギリギリのやわらかさで仕上げていて。しかも価格が千円くらいしたのも、別格でした。当時は私もどれだけ食べても太らなかったから（笑）、それにミルフィーユも一緒に頼んでいました。折りパイ生地がガツッと焼き切られていて、カスタードクリームの濃厚さとあいまって、衝撃的な美味しさでした。「その場所でしか食べられない」というお菓子が、当時は珍しかったんですよ。

U その場で構成してくれるお菓子。その先駆けだったわけですね。そこでしか食べられないお菓子といえば、私は広尾にあった「ル・スフレ」[6]が大好きで。

S うわー、私も行ってました！ 当時広尾にあった「シエ・リュイ」[7]でアルバイトをしていたから、仕事が終わったあとによく。ケーキ屋でさんざん働いておきながら、そのあと別のケーキ屋に行くという。若さってすごい（笑）。

U 「ル・スフレ」は焼き菓子も大好きだったんです。ガトー・バスク・オ・マロンがあれば、必ず買って帰りました。スフレだけをメインにしているお店が稀有でしたし、焼き上がりの瞬間を待つ高揚感も好きでした。季節ごとのソースがあるのも嬉しくて。ふわっと垂直に美しく膨らんだスフレを、スプーンでさっと穴を開け、混ぜておいたソースを手早く注ぎ込み、集中していただく。その瞬間的な美味しさ。先日参宮橋に移転されていたことを知り、お邪魔しました。そちらの路面店は二代目のご夫妻が継がれたようで、食べ方が説明された紙のマットや果物柄のココット、銅のソースパンまでまるきり一緒で、思い出のある方にぜひ足を運んでもらいたいです。あと広尾駅の

6　Le Soufflé…1985年に永井春夫シェフが東京・広尾で開業し、現在は代々木にあるスフレ専門店

7　Chez Lui…1975年に東京・代官山に開業した洋菓子店

近くにあったフランス菓子のお店……。

S 「クレモン・フェラン」[8]だ！ 飴細工のバラとか、本当に素晴らしかった。

U クラシックなフランス菓子店で大好きでした。こちらのケーキはサイズが小さめだったじゃないですか。だからイートインしても、外苑西通り歩いて「ル・スフレ」でもまた食べられちゃうんですよ。そのまま六本木まで行って「WAVE」でCD買って、「青山ブックセンター」に寄って、「AXIS」に行く。私の若かりし頃のデートコースは、そんな感じでした（笑）。

S 時期はもう少しあとになるけれど、「クレモン・フェラン」卒業生だった、西八王子の「ア・ポワン」[9]も大好きでした。

U 私は自分の行動範囲外だったので、マカロンしかいただいたことがなかったんです。

S 西八王子だから、住んでいた世田谷から遠くて、遠くて。でも何食べても美味しかった。超正統派のフランス菓子なのに、地元の子どもたちのためにアンパンマンのクッキーとかも作っていらしたんですよ。持ち歩きの時間を三時間とか言うと生菓子は売ってもらえないから、「三十分です」なんて伝えて、近所の公園で食べたりしてました。

U 初江さんは「お菓子は作らない、食べるの専門」とおっしゃっていますけど、その直に確かめに行くという思いと行動力は本当に素敵ですね。

S 美味しいと聞けば、先日閉店されてしまった「イデミ・スギノ」[10]も神戸時代に食べに行ってました。当時から、やはり群を抜いて素晴らしかったです。そうそう、今思い出したんですけど、料理研究家の藤野真紀子先生がお菓子を担当されていた自由が丘のお店にもよく行ってました。

8 Clermont-Ferrand 1983年に東京・広尾で開業した酒井雅夫シェフのパティスリー（2006年閉店）

9 Á Point…1992年に東京・八王子で開業した岡田吉之シェフのパティスリー（2012年閉店）

10 HIDEMI SUGINO…1992年に神戸で開業、2002年に東京・京橋に移転した杉野英実シェフのパティスリー（2022年閉店）

U　自由が丘の「デポー39」[11]。私も当時ご近所だったこともあり、通ってました！　懐かしい〜。藤野先生のお菓子が食べられるということで、嬉しかったですね。アメリカ発祥のお菓子なので、パティスリーにはないお菓子ばかりでした。

S　あのカットの大きなアメリカ菓子。シフォンケーキも好きだったし、アップルパイにアイスをつけてくれるのも嬉しかった。今はないお店も多いけど、美味しいお菓子の思い出はずっと心に残っているものですね。

旅先で出合ったお菓子

U　初江さんはパリに滞在して本を出されたり（『パリで「うちごはん」そして、おいしいおみやげ』小学館／二〇〇八年・絶版）、韓国旅で覚えたレシピをまとめたり（『食べたい作りたい現地味　もっと！おうち韓食』主婦の友社／二〇二三年刊）、海外経験も豊富です。フランスで印象深かったお菓子は何ですか？

S　うーん、何だろう。アルザスがお菓子天国だったなあ。

U　私は中央ヨーロッパのお菓子が好きなので、あのあたりのお菓子をいろいろ召し上がっていらっしゃるの、すごくうらやましいです。クグロフはいかがでしたか？

S　クグロフ、美味しかった。あと「ジャムの妖精」ことフェルベールさんのお店「メゾン・フェルベール」[12]にも行きましたね。街のよろず屋っぽい雰囲気で、洗剤や雑誌や新聞も売っているんで

11　Depot 39…1984年オープン、東京・自由が丘にあったインテリア雑貨店（2005年閉店）

12　Maison Ferber…フランス・アルザスにあるクリスティーヌ・フェルベール氏とその家族が営む4代続くブーランジェリー＆パティスリー

すよ。なのに片側の壁面は、ずらーっと全部ジャム。そこでいただいたルバーブのタルトが恐ろしく美味しくて、それまでルバーブにまったく興味がなかったのに、注目するようになったんです。

U 水玉模様の布カバーをかぶせたコンフィチュール、日本でも人気ですよね。いつかアルザス地方でフォレノワールを頂戴してみたいです。パリでは、どちらのお店に行かれます？

S 「ジャック・ジュナン」[13]は絶対。

U 「ジャック・ジュナン」！　私も大好きです。何でも美味しいですよね。

S フランス料理のコースを食べると、デザートのあと小菓子（ミニャルディーズ）が出てくるじゃないですか。あるときレストランで食べたキャラメルがものすごく美味しくて、料理の記憶が飛ぶほど感動したんです。「このキャラメルはどこで買えるのか？」と聞いたら、「ジャック・ジュナンという男性が作っているんだけど、もう少ししたら彼のお店ができるよ」と言われて。当時は卸しだけをしていたんですね。今ではそのフランス料理店のほうは、名前すら憶えていないんだけど、南国フルーツのキャラメルの味は忘れられない。

U マンゴーパッションのキャラメルじゃないですか。あれ、めちゃくちゃ美味しいですよね。私も最初食べたときにびっくりしました。

S それまでパート・ド・フリュイというお菓子にも何の思い入れもなかったのに、それすら驚くほど美味しかった。店内で食べるミルフィーユも素晴らしいんですよね。

U ミルフィーユ、美味しかったあ。私がお店を訪ねたときには、たまたま大好物のパリブレストもあって、お店の方に「幸運ですね」と言われました。私はパート・ド・フリュイのこと、「ジャッ

13　Jacques Genin fondeur en chocolat…フランス・パリのマレ地区にある、2008年に誕生したジャック・ジュナン氏のショコラトリー

ク・ジュナンのキラキラ」って呼んでいます（笑）。すごく綺麗なグラデーションカラーなんですよね。あとはボンボンショコラも……私、ミントのボンボンで、心から美味しいと思えたのはこだけ。

S 私もミントのチョコがいちばん好きなんですよ！　フレッシュ感が強くて。

U 普通のチョコミントじゃない。香りもすごくよくて。

S だから旅行の最終日に立ち寄って、ボンボンショコラを選んで箱に詰めてもらうときに、ミント、ミント、ミント……あとは適当に選んで詰めてもらう（笑）。飛び抜けて印象的なんですよ。

U あははは。私も同じです。まずはミントをひと固まり確保。

S キャラメルは、マンゴーパッションも五個、あとは適当にって。あと私は「セバスチャン・ゴダール」[14]にも、必ず寄りますね。

U 「ゴダール」は焼き菓子が好きです。

S ペラペラの箱の、クッキーの詰め合わせ（焼き菓子のアソート。ビスケット、ガレット、パレが詰まっている）がお得で、その中のガレットがすごく美味しい。

U 私もそのアソート購入します。そういえば「ジャック・ジュナン」にもいろんな種類のお菓子が入ったお好みセットみたいな詰め合わせがあって。日本に戻ってきてから、「何でももっと買って

14　SÉBASTIEN GAUDARD…2011年にフランス・パリ9区にオープンした人気パティスリー

こなかったんだろう！」と後悔しきりでした。ボンボンなんかはひと粒ひと粒うやうやしくいただくんだけど、こちらは気軽に食べられるから、止まらなくなって困ってしまいます。日本は何でも購入できてしまうけど、やはりフランスでしか食べられない、購入できない、その本店の記憶が新鮮なうちにいただくのは、いくつになっても喜びですよね。現地で喫茶をして、お店の思想や歴史を感じながらその一部となるという経験も、かけがえのない思い出です。今フランスは、スターパティシエが季節ごとのクリエーションを披露し、世界的な流行を牽引している状況ですが、クラシックな老舗とスターパティシエが繰り広げる創作、両方を楽しめるというのがパリならではですよね。ちなみに韓国に行かれたときは、甘いもの巡りはしますか？

S　韓国は料理が中心なので、甘いものはついでがほとんど。でもソウルでは、仁寺洞《インサドン》近くにある小さな宮廷菓子のお店には、よく行きます。

U　「秘苑《ピウォン》トックチップ」[15]ですね。私も必ず行くお店です。イートインできなくて持ち帰りだけなんですけど、店構えも素敵なんですよね。

S　そこで唇の形をした中にあんこが入っている「サンケッピド」は必ず食べます。

U　韓国の伝統菓子って、宮廷菓子が由来のものは、本当に美しくて手が込んでいるものが多いですよね。甘さは控えめで、特にあんの糖度が低い。お餅のお菓子は、最後に塗ることが多いせいか、ごま油の香りがするものも多い。デパ地下に行くと贈答用のお菓子コーナーに綺麗なお餅がたくさん詰め合わせたものが並んでいたりして、ついつい眺めてしまいます。

15　秘苑トックチップ…韓国・ソウルにある宮廷菓子店

お気に入りの和菓子店

U 初江さんはお料理もオールラウンダーですが、お菓子に関しても守備範囲が広いですよね。和菓子もお詳しい。

S 新潟の「さわ山」[16]は大福が好きですね。

U やっぱり米どころだから、新潟は餅菓子が素晴らしいですよね。

S 皮が薄〜いんですよ。あんこが透けるくらい薄くて、もう飲み物なんです。やわらかいし「ごくごく飲める大福」みたいな（笑）。それときんぴらごぼうが入ったお餅もあって。

U 「ごぼう団子」ですね。

S 対照的にこちらのお餅は分厚くて、でもなめらかでふんわり、それもすごく美味しいんですよ。ただ「さわ山」のお菓子は、その日中に食べなくてはいけない。

U 新潟は夫が四〜五年ほど赴任していた関係で、私もちょこちょこ行っていたんです。友人が教えてくれた「貴餅《きへい》」[17]は「貴福餅」がとても美味しかったです。店主の方が京都の「麦代餅《むぎてもち》」が有名なお店「中村軒」[18]で修業なさったとか。

S この間新潟に仕事で行ったときに、笹団子の話を振ってみると、タクシーの運転手も、ギャラリーの店主も、パン屋のおばちゃんも、みんな違うお店を挙げて「ここへ行け」と言う（笑）。だからいつの日か、新潟の笹団子の食べくらべがしたいと目論んでいます。

U 長崎のちゃんぽんや皿うどんみたいですね。全国に知られた有名店もあるけれど、住民はそれ

16　さわ山…大正初期に創業した新潟市の老舗和菓子店

17　貴餅…1996年創業、新潟市の和菓子店

18　中村軒…1883年創業の京都・桂離宮南側にある和菓子店

ぞれに、贔屓のお店が違う。それだけ暮らしに根差している証拠。

S　でも実は、私の和菓子ナンバーワンは名古屋の「川口屋[19]」なんです。

U　京都のお店ではなくて？

S　「川口屋」は栄にある小さなお店なんですけど、創業三百年以上という老舗で、季節で変わる上生菓子はもちろん、わらび餅も素晴らしいんです。

U　そうなんですね。若鮎しか頂戴したことがないです。

S　初めて知ったのは、京都の友人のコーヒー店でイベントを開催したとき。「川口屋」の和菓子の詰め合わせを持ってきてくれた方がいたんですよ。他に京都の和菓子もその場にあったから「京都のほうが絶対に美味しいだろう」と、最初手を出していなかったんです。でもいざ食べてみたら、「何じゃこりゃ！」と衝撃を受けて。何というか、すごく軽やかなんですよ。

U　食べてみたいー！　生菓子は日持ちしないから、その場で食べないといけなくて、旅行先で買っても、家に持ち帰れないのが辛いですよね。東京で普通に暮らしていると、上生菓子って、日常的に積極的にいただこうとは思わないのに、京都に行くと「何て美味しいんだろう」と驚きます。あんにお豆本来の味が残りつつしっかり水分を保っていて瑞々しいし、それでいて香りもある。近所の方が本当にうらやましい。そうそう名古屋といえば、私は麩饅頭も大好きなんですよ。

S　麩饅頭って、美味しいですよね。

U　京都なら「麩嘉《ふうか》[20]」さん、名古屋近辺なら「大口屋[21]」の「餡麩三喜羅《あんぷさんきら》」。麩饅頭の二大巨頭。「三喜羅」は新幹線の改札口のそばに売り場があるのが有難い。「麩嘉」さんはつるんとしてなめらかで、

19　川口屋…1690年（元禄3年）創業の名古屋市にある和菓子店

20　麩嘉…慶応年間（1865–1868年）創業といわれる、京都の生麩専門店

21　菓子処 大口屋…江戸時代後期の1818年（文政元年）創業の愛知・江南市の和菓子店

「大口屋」は空気を含んでいるような「ふかつ」とした感じ。どちらも日持ちしないから、買ったらいつも慌てて食べています。

S　和菓子は本当に奥深いですよね。母が昔「鶴屋吉信」[22]で働いていた関係で、実家にはしょっちゅう和菓子があったんです。それまで桜餅といえばクレープみたいな長命寺式のものしか知らなかったのに、ある日、道明寺式を持って帰ってきて、「何これ！」と驚いたのを覚えています。

U　私は西の生まれなので、逆に、道明寺式しかなかったんです。和菓子はそういう地域性の違いも本当に面白いですよね。

S　お月見団子もあんこが巻かれるものと、ないものと。

U　うちのほうはあんこなしでした。そして長崎のあたりでは粒あんがメインでしたから、東京に出てきて「こしあんって何て美味しいんだ！」と驚きました。ずっと粒あん派だったのに、今では断然こしあんを選ぶようになりました。

お茶とお菓子で気持ちを切り替える

U　外出したときなど、お茶とお菓子でひと休みはされますか？

S　今はほとんどしないですね。やはりお菓子のカロリーが気になるお年頃で、「三時のおやつ」もとらない。お土産で甘いお菓子をいただいたら、朝食のあとに食べることが多いです。

U　そうなんですね。私はお酒を嗜みませんが、「会社帰りに一杯ひっかける」という感覚がすご

22　鶴屋吉信…1803年創業の京都・西陣に本店を構える和菓子店

くよく分かるんです。外に出ると、いろんな気配や情報を浴びるので、まっすぐ家に帰れない。それらを清算する、自分の中の空気の入れ換えみたいな感じで、出先でお茶とお菓子でひと休みすることが本当に多いんです。

S なるほど〜。そういう点でいうと、私は夕食のあとに、甘いものをちょっと食べることで、「これでおしまい」と気分の切り替えにしているかも。お土産に持ってきた「関山米穀店」のバスクチーズケーキとか、近所に「アオジ ソシガヤ」[23]という美味しいピザ屋さんがあるんですけれど、そこの店もデザートがジャージー牛乳のジェラートとか、パフェとか、とても凝っていて嬉しい。「ウグイス」[24]や「オルガン」[25]といった人気ビストロも、デザートがちゃんとしていて、そういうお店では絶対に頼みます。

U ご自宅でお酒を召し上がる際には、最後にお菓子は何を選ばれますか？

S コロナの影響でなかなか宴会ができなかったけど、しょっちゅうしていたときは甘いものを取り寄せたりしてましたね。太田哲雄さんの「ラ・カーサ・ディ・テツオ オオタ」[26]の「フォンダンカカオ」とか、「アマゾンショコラのポップコーン」とか。

U そういうときのお酒って、何を召し上がりますか？

S 私は家では赤ワインしか飲まないんですよ。結構フルボディ系のタンニンがしっかりあるような。普段チョコレートはそんなに食べないけれど、だらだら飲まないために「アラン・デュカス」[27]のタブレットを冷蔵庫に入れています。チョコの切り替え力はやっぱりすごい。

U 「デュカス」のチョコレートはシャープですよね。酸っぱいものですか？

23　アオジ ソシガヤ…東京・祖師谷にあるピザとワインの店

24　uguisu…東京・三軒茶屋にある自然派ワインが堪能できるビストロ

25　organ…東京・西荻窪にあるビストロ。「uguisu」の姉妹店

26　LA CASA DI Tetsuo Ota…2019年、長野・軽井沢に開店した完全予約制のレストラン

27　LE CHOCOLAT ALAIN DUCASSE…2018年に東京にもオープンした、世界各地でレストランを経営するアラン・デュカス氏のショコラトリー

S　店員さんに「酸っぱくないものを」と言うと、選んでくれるんです。私、酸味があるコーヒーやワイン、チョコレートが苦手なんです。

U　なるほど。今は見慣れてきましたが、タブレットをずらりと並べて売るスタイルが定着したのは、「アラン・デュカス」の功績ですよね。

S　パリのお店に行くと、二十種類くらいありますよね。日本のお店では、日本人が好みそうなものを厳選してあるけれど。あと思い出した、私たちが「大人のキットカット」と呼んでいるイタリアのお菓子。

U　駒場の「ピアッティ」[28]で売っているものですね。

S　「パスティッチェリア・ジャンテ」[29]の「カネストレッツリ・ディ・ビエッラ」（チョコレートを挟んだ、長方形のウエハース菓子）。結構お値段が高いんですよ。「そんなにする？」とびっくりするくらい。でもその価値あって、文句なく美味しい。本当に豊かな気分で、食事やお酒を〆ることができるんですよね。

28　PIATTI…2003年にオープンした東京・駒場にあるイタリア食材専門店

29　Pasticceria JEANTET…1949年創業の北イタリアのピエモンテ州にある菓子店

3

井出恭子

「YAECA」デザイナー、「SAVEUR」プロデューサー

たおやかで大らかな空気の中にも熱く静かな視線を持ち、「美しいもの」と「美味しいもの」をまっすぐに見つめる方です。しかもバランス感覚抜群で、いつもフラット。衣食住のすべてが素敵で美しく、独自の審美眼で選ぶ一品には、感嘆するばかりです。新しい美味を見つけたら、まずお声がけしたいと恭子さんのお顔が浮かびます。

Kyoko Ide

大学卒業後、二〇〇二年よりパートナーの服部哲弘さんとともに「ヤエカ」を立ち上げ、二〇〇五年にスタートしたレディースラインのデザイナーに就任。着心地のよい、美しい日常着を提案する。東京・白金高輪の「ヤエカホームストア」では、自身がセレクトした生活雑貨などとともにフード部門「プレーンベーカリー」を展開。二〇二〇年、田園調布に洋菓子店「サヴール」をプロデュース。

茶色くて丸い、シンプルなお菓子

井出恭子（以下I）　すごい。テーブルに並んでいるのが、同じようなビジュアルのお菓子ばかり！

内田真美（以下U）　茶色くて、丸いお菓子ですね（笑）。「サヴール」の「ガトー・オ・ブール」と、私が持ってきた「和三盆のガトー・ブルトン」も、茶色くて丸い。シンプルで、材料がよくて、美味しいもの。

I　ありがとうございます。すごく上品な味わいで、ずっとまた食べたいなあと思っていたので、本当に嬉しい。こういうシンプルな材料で焼いたままのお菓子のことを、「素のままのお菓子、素朴なお菓子」という意味で、「素菓子」という勝手なジャンルを作っています。「ブール」は手で食べたほうが美味しく感じるんですよ。

U　卵とバターの香りが芳しくて、カステラのような生地。お茶を呼ぶお菓子ですよね。「和三盆のガトー・ブルトン」は「インクギャラリー」[1]で開催された「ジョージ・ナカシマ展」に合わせ、喫茶でお出ししたお菓子。クッキーとケーキの中間のような独特の食感で、ナカ

1　ink gallery.…神奈川・鎌倉山にある「YAECA」が運営するギャラリー

シマゆかりの香川の和三盆を使用しました。「ヤエカ」はアパレルブランドですが、衣食住すべてを提案されていますよね。中でもなぜ、お菓子を販売しようと考えられたんですか？

I　私自身が好きだったこともあるんですけれど、現在は菓子研究家として独立している「foodremedies」主宰の長田佳子さんがスタッフとして入ってきてくれて。最初は普通に服の販売をしていたけど、長年飲食や製菓の経験があったので、「その経験、生かせたほうがいいよね」とお菓子部門ができました。それがだんだん形になって「プレーンベーカリー」という名前になりました。

U　すごくいいお名前ですよね。どうやって決められたのですか？

I　いろいろ考えていたんですよ。でもどれもピンとこなくて……話し合いを進めていく中で、「どんなものを作っていきたいの？」と聞いたら、「プレーンなもの」って。それがコンセプトになり、名前にもなりました。

U　いろんな場面でスタッフのご意見をいつも尊重されていますよね。その任せ具合がすごい。

I　そこに主体性があったほうがいいと思うので、作る人自身の中から出てきたものでないと。でも、こちらが「ＯＫ」を出すまで、「他にあるかなあ？」と、アイデアを出してもらっているというのもあるかもです（笑）。

U　「プレーンベーカリー」は「ホームストア」内での販売だけど、「サヴール」は路面店で、完全

な洋菓子店ですよね。こちらはどのようなお考えで始められたのですか？

I　有難いことに「プレーンベーカリー」は多くのお客さまに好意を持っていただけましたが、長く続けるとなると「洋服屋のクッキー」のままでは、作る子たちのモチベーションにも関わるし。きちんとした形にしたほうが、やりがいにつながるのではと、ずっと店舗を探していたんです。たまたまいい物件が見つかって、急にそこから具体的に動き出した感じです。

U　シンプルで派手さはないけど、しっかり美味しくて、「それぞれ自由に楽しんでほしい」という雰囲気が、すごく「ヤエカ」らしいなあと思いました。

I　嬉しいです。でもね、「ヤエカ」の一部とは考えていなかったんです。

U　えー！　そうだったんですね。

I　まったく新しいお店を作る気持ちでした。お菓子は「幸福感」を象徴するものだから、食べた人が幸せな気持ちになれるものを。そして世界中の美味しいものが集まる東京で、西洋から日本に伝わり、日本の中で成熟していった、東京のお菓子ですね。郷土菓子みたいなものを作りたいと考えました。

U　東京で生まれた、東京のお菓子ですね。包装紙や紙袋もすごく素敵で。

I　どこか懐かしい感じのお菓子にしたい。佇まいは懐かしいけど、味は今食べて美味しいと思える味を。そういう懐かしい感覚は、画家の牧野伊三夫さんの絵が現実味を与えてくれました。

U　雰囲気は違いますが「プレーンベーカリー」のパッケージも素敵ですよね。

I　あちらはデザイナーの平林奈緒美さんのデザイン。「イギリスにあるお菓子のような雰囲気にしたい」と思って、ロンドンに住んだ経験のある平林さんにお願いしました。

U　確かにイギリスのお菓子っぽい！　モノトーンで、ずっと昔からあるような雰囲気がします。「サヴール」というお店を構えたら、お菓子の種類を増やす選択肢もあったと思うのですが、厳選されているのは理由があるんですか？

I　私と服部の「幸せな時間の、記憶に残るお菓子」のイメージが、ふたりともバタークリームケーキだったんです。好きか嫌いかは置いておいて、記念日はバタークリームケーキ。

U　私もその世代です！　地方住まいだと特にそうでしたよね。

I　食べるのが誕生日とか、そういう楽しいときだったから、不思議とまた食べたくなるんですよね。それに加えてカステラみたいな雰囲気のバターケーキも作ろうと。そんな感じでラインアップが絞られていって……ちょっと専門店みたいなイメージでしょうか。基本のお菓子は厳選し、季節ごとに味を変えていく。

U　あれだけシンプルなお菓子なら、エッジの効いた内装の店舗にしがちだと思うんです。でもお店の雰囲気はどこか懐かしくて。なのに、ケーキはきっちり直角に立っている。生クリームだと直角にはならない、バタークリームだからこそなせる技。シンプルだけど背筋が伸びて、やさしくて懐かしい。そのバランスが絶妙ですよね。

I　ありがとうございます。そして、バターケーキは真美さんにお味見係をしていただいています。凝ったお菓子より、私たちは結局シンプルなものが好きなんだなと再確認しています。

国内外の思い出のお店たち

U 恭子さんの、好きな喫茶のお店を伺おうかな。まずは外国編。思い出深いお店はありますか？

I いちばん記憶に残っているのは、パリのアイスクリーム屋さんかなあ。

U サンルイ島の「ベルティヨン」[2]かな？ どのフレーバーを召し上がりましたか？

I そう、そこのお店です。そのときは桃にしました。私ひとりで訪ねて、あまりにも悩んでいたら、隣にいたカップルが見かねて「ちょっとこれ食べる？」って、ひと口くれたりして。店員さんの制服や、店内の雰囲気が、東京でいうと「オーボンヴュータン」で同じ嬉しさを感じられる。「ああ、いいお店って、こういうことだよね」と、しみじみ嬉しかったです。

U 「オーボンヴュータン」でも、その雰囲気でソルベやグラスを出していましたよね。今もあるのかな？ 銀のアイスクリーム用のカップでサーブしてくれて。「ベルティヨン」も同じ。私も、行ったら絶対に店内で食べたい。

I あれが本当に可愛いですよね。

U 隣の席とも近い、フランスらしい少し狭い店内で。それを知っていたから、娘を連れて行ったときは、朝いちばんに行きました。私は必ずピスターシュ（ピスタチオ味）と、ノワゼット（ヘーゼルナッツ）のプラリネを頼むんです。娘はフランボワーズ味を食べていました。自分が好きなものを、娘にも紹介したいと思って。では、東京編は？

I いろいろ考えたんですけど、やっぱり「銀座ウエスト」[3]が好きかなあ。田舎ののんびりした雰

2 Berthillon…1954年創業のパリのサンルイ島に本店があるアイスクリーム店

3 銀座ウエスト…1947年創業の洋菓子店、製菓会社。銀座7丁目にある本店の他、喫茶室を構える

囲気の喫茶店も大好きだけど、あそこは「東京のお店」という感じ。さっぱりしていて。

U 同じです。私、上京したての頃は学芸大学と自由が丘に住んでいて、目黒にあった「ウエスト」は思い出のお店なんです。ピシッとアイロンがかかった真っ白なクロスや、曇りひとつない銀の食器。私、女性スタッフの方々のことを心の中で「ウエストガール」と呼んでいるんですが（笑）、彼女たちが手の空いたときにピカピカに磨いているらしいですよ。

I 実は父が、「ウエストボーイ」だったんですよ。

U えぇー？

I 学生時代に銀座本店でアルバイトをしていたそうです。私が大学入学で上京したときに、父が初めて連れていってくれました。だから余計に「東京のお店」という印象が強いのかも。昔はテーブルのチェックシートにリクエストを書いてスタッフに渡せば、レコードをかけてくれるサービスがあったそうです。そのおかげで、実家ではずっとクラシックを聴いて育ったんです。

U 何て素敵なお話。本当に、東京ならではのお店ですよね。

I 目黒店が閉店するとき、友人たちと一緒に行きました。喫茶室では一度も黒字が出ていないという話を伺って、そんな中、何十年もあのサービスを提供くださっていたのかと思うと、本当に格好いいなと思いました。

U 物販で利益を出せていれば、喫茶室はお客さまへの還元として、居心地のいい時間を提供できればいいという経営方針。素晴らしいですよね。恭子さんのお気に入りのお菓子は何ですか？

I 「シュークリーム」か「モカケーキ」です。

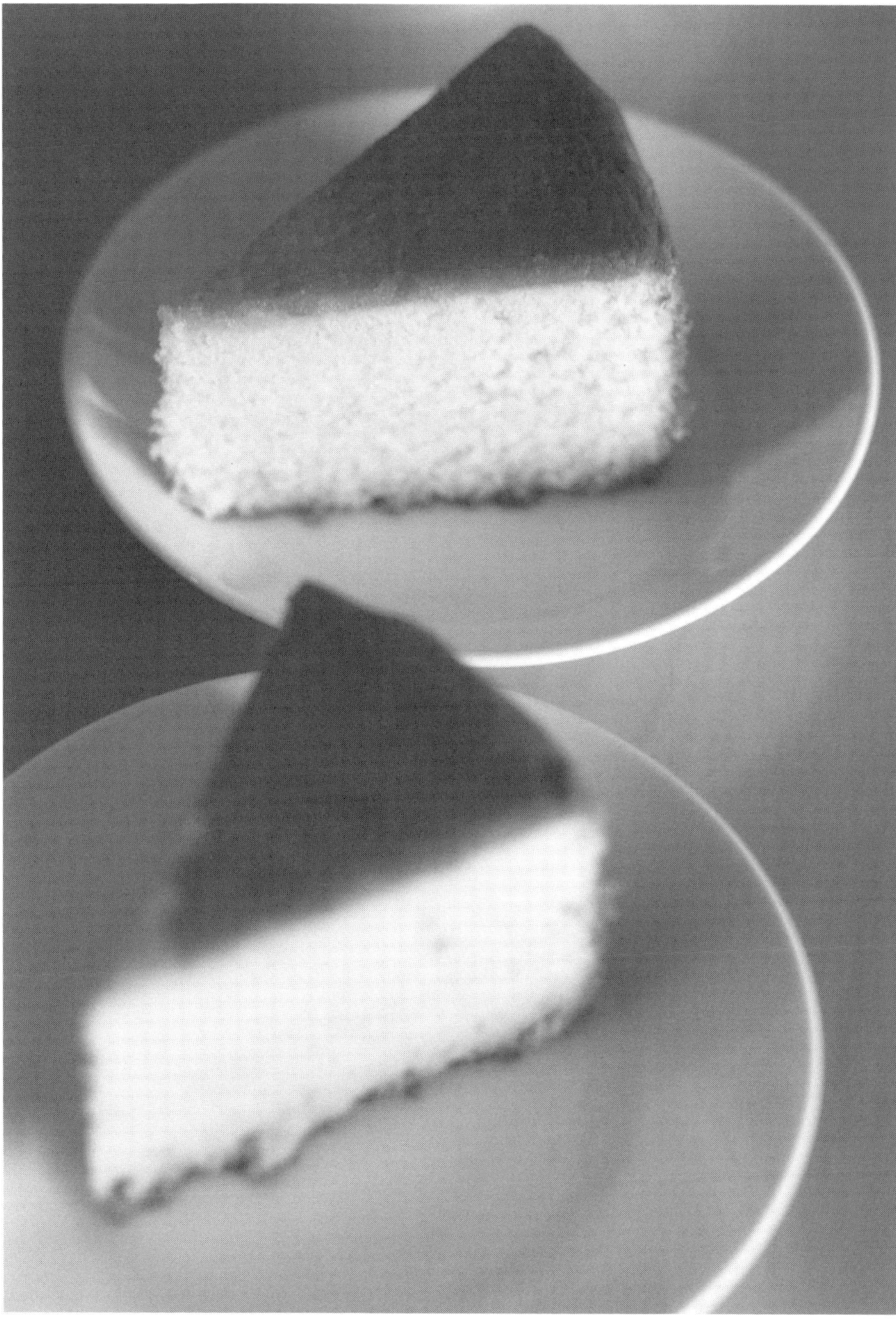

U　私は「今日は別のお菓子を食べるぞ」と思うんだけど、いつも結局、店内でしか食べられない「ミルフィーユ」をオーダーしちゃいます。「シュークリーム」はお持ち帰りの定番です。

鎌倉の好きな店、東京の好きな店

U　もう少し、お気に入りのお店について教えてください。「インクギャラリー」をオープンされて、鎌倉に行かれることも増えましたよね？　鎌倉でお好きなお店はありますか？

I　鎌倉だったら、「納言志るこ店」[4]の「田舎しるこ」が最高です。

U　知らなかった！　どんなお店なんですか？

I　甘味処で、私が好きな〝メニューの少ない〟お店。おしるこは上品なこしあんの「御膳しるこ」と、粒あんの「田舎しるこ」があって、印象に残るのは圧倒的に「田舎しるこ」。粒がふっくら大きくて、お豆の風味がしっかり感じられます。にぎやかな小町通りを少し脇に入って、急にホッとするような静けさもいいんです。

U　行ってみなきゃ。洋菓子系はどうでしょう。「ベルグフェルド」[5]には行かれます？

I　「ベルグフェルド」はクッキー類が好きで、長谷店のほうがギャラリーには近いけど、買うときは雪ノ下本店に行きますね。

U　私はドイツやオーストリアなど中央ヨーロッパのパンやお菓子が好きなので、鎌倉に行くとつい何か買っちゃうお店です。私もクッキーが好きですね。

4　納言志るこ店…1953年創業の神奈川・鎌倉にある甘味処

5　Bergfeld…1980年創業の鎌倉にあるドイツパン店とカフェ

I　駅から少し遠いけど、「ポンポンケークス」[6]にもよく行きます。「キャロットケーキ」が有名なお店で、私は季節のフルーツタルトが好き。

U　「キャロットケーキ」はどんなタイプなんですか？

I　日本のお菓子っぽい感じ。正しい言い方か分からないけど、ハードじゃなくて、やさしい。上のフロスティングも薄くて上品です。あ！　鎌倉だったら「カフェ・ヴィヴモン・ディモンシュ」[7]のパフェも、もちろん大好きです。

U　鎌倉名物のひとつですよね。行く街ごとに、お気に入りの菓子店や喫茶室があると、足を運ぶのも楽しみになりますよね。恭子さんの「日常」のお菓子と「非日常」のお菓子も聞きたい。

I　「日常」筆頭は、わが家の近所の「イエンセン」[8]。デンマーク大使館御用達のパン屋さんですが、お菓子も美味しくて。

U　王冠マークのお店のロゴも可愛いですよね。何がお好きですか？

I　スポンジ生地の上にキャラメリゼされたアーモンドスライスがのった「トスカケーエ」というケーキや、サブレ二枚でクリームを挟んだ「メダリア」というお菓子とか。お散歩がてらに、よく買いに行きます。代々木八幡の「PATH」[9]と幡ヶ谷の「Equal」[9]にもよく行きますね。

U　和菓子だと、富ヶ谷の「岬屋」[10]は少し遠いかしら。

I　車で移動することが多いから、距離は関係なく行っちゃう。和菓子だと茗荷谷の「一幸庵」[11]とかまでぴゅーっと。「わらび餅」が大好きです。ふわふわで。

U　「わらび餅」、最高ですよね。「一幸庵」といえば、お正月にいただく「花びら餅」に驚いたこ

6　POMPON CAKES…自転車の移動販売からスタートした、2015年に店舗オープンのケーキショップ

7　café vivement dimanche…1994年に堀内隆志さんが鎌倉に開業したカフェ

8　JENSEN…東京・代々木八幡にあるデンマークパンと菓子の専門店

9　PATH／Equal…p.173のパティシエ後藤裕一さんのビストロとパティスリー

10　京菓司 岬屋…1934年創業の東京・富ヶ谷の老舗和菓子店

11　一幸庵…1977年創業の東京・茗荷谷の和菓子店

とがありました。裏千家では、お初釜に供されるお菓子ですね。味噌あんとごぼうを羽二重餅で挟んだお菓子で、卵白が入った雪平餅で、ふわふわ好きに特におすすめです。

I　知らなかった。来年にはぜひ食べなくちゃ。ふわふわといえば、おすすめしたいのが、やはりご近所にある「あいと電氣餅[12]」。

U　ちょうど今日お伺いするときに看板を見て、「何と変わった店名！」「買えるのかな？」と気になっていたお店です。

I　福島の南相馬で百年以上続いたお店で、東日本大震災の影響もあって途絶えそうになった製法を、今の店主の方の熱意により、東京で復活されたらしいです。当時はまだ珍しかった電動餅つき機を導入して、「あそこのお店は電気で餅をつく」「すごい」と話題になって、まわりから「電氣餅」と呼ばれるようになったとか。当時の最先端。

U　そんなお店が、山手通り沿いに。

I　この「生大福」が、ふわふわでやわらかくて。何せ賞味期限が五時間だから、予約必須。「よもぎ餅」も絶品です。そうそう、私の和菓子部門でのお取り寄せ最多は、岐阜「ツバメヤ[13]」の「わ

12　あいと電氣餅店…東京・代々木八幡の完全予約制の和菓子店。1916年創業、2021年東京に再オープン

13　ツバメヤ…2010年開業の岐阜にある和菓子店

14　本家 月餅屋直正…1804年創業、「わらび餅」の名店として知られる京都の和菓子店

らび餅」です。すごくやわらかくて、きな粉が香ばしくて。

U 「ツバメヤ」。もしかして、まっちんが商品開発をしているところかしら（スマホで検索中）。あ、やっぱりそうだ！ 和菓子職人の町野仁英さんがプロデュースされたお菓子ですね。彼が京都の「本家 月餅屋直正」[14]の「わらび餅」がすごくお好きだと話していたのが印象的で。私もわらび餅は、こちらのものが特に好き。青い流水と千鳥の紋様の包装紙も素敵なんです。

非日常のお茶、いただきもののお菓子

U 「非日常」のお菓子は何ですか？

I 何だろう……「東京會舘」[15]の「マロンシャンテリー」とか。「赤坂プリンス クラシックハウス」[16]でのお茶とか。あ、「シェラトン都ホテル東京」の「ロビーラウンジ バンブー」[17]でお茶するのも好きです。個々のお菓子というより、場所ですね。

U 「都ホテル」、お庭の眺めが素敵ですよね。

I 白金の「ヤエカホームストア」から歩いて近いんです。空間使いが贅沢で、優雅な気分になれます。「非日常」で思い出しました。私「会館系」が好きなんです。六本木の「国際文化会館」[18]のティーラウンジとか、神保町の「学士会館」[19]のカフェとか。お買い物の合間に、ちょっと違うムードになれる場所。

U 会館系！ 確かにマインドが変わりますよね。私は美術館の中にあるカフェが好きです。

15 東京會舘…1922年創業の、東京駅・丸の内の宴会場・結婚式場・レストラン

16 赤坂プリンス クラシックハウス…東京・紀尾井町にある東京都有形文化財である赤坂プリンスホテル旧館をリノベーションした施設

17 ロビーラウンジ バンブー…東京・白金台に1979年創業したシェラトン都ホテル東京のラウンジ

18 国際文化会館…1955年に開館した東京・六本木にある文化交流を目的とした施設

19 学士会館…1928年東京・神田錦町に建造、旧帝国大学出身者の交流を目的に設立された

I　美術館系ですね。会館系と、似たバージョン。

U　展示を観に行ったついでに、お茶してホッとする。そういうときは、やっぱりひとりのほうが好きですね。青山「根津美術館」の「ネズカフェ」[20]とか、白金台「東京都庭園美術館」の「カフェ庭園」[21]とか。メニューというより、お庭を見ながらゆったりと時間を過ごすのがいい。恭子さんは仕事柄、頂来物も多そうですよね。「これは！」と記憶に残ったお菓子はありますか？

I　うーん、そうですねえ……今思いついたのは「ロワール」[22]の「ブランデーケーキ」。

U　頂戴すると小躍りして喜ぶお菓子。最高ですよね。以前伺った、恭子さんがお店の「ブランデーケーキ」を買い占めたお話、大好き。

I　ちょうど年末のお歳暮の時期にお店にお伺いして。予約していないから、どうしようと思いつつ、お世話になった方々に配りたいから「たくさん欲しいんですけど……」「たくさんってどれくらい？」「買えるだけ」って(笑)。買いにいらっしゃるお客さまも多いだろうから、どうしようと思ったけど、お店の方が「いくらでもどうぞ」「明日いっぱい作るので、大丈夫です！」とおっしゃってくれて、大人買い。一緒に車まで運んでくれました。かなりお酒が効いていて、他のブランデーケーキはあんまり食べないんですけど、不思議とあちらのは食べられちゃう。

U　さーっと駆け抜けていきますよね。

I　「スタッフみなさんで食べてください」と、同じお菓子がずらーっと並んでいるのをいただくのもときめきます。最近だと「氷室饅頭」（江戸時代が起源の、無病息災を願って食される縁起菓子）に感動しました。一個が結構大きいんですよ。七月一日にしか販売しない、貴重なお菓子。

20　NEZUCAFÉ…東京・南青山にある根津美術館内のカフェ

21　café TEIEN…東京・白金台にある東京都庭園美術館内のカフェ

22　ロワール…1963年創業、東京・奥沢にある洋菓子店

U　和菓子は本当に季節ごとの楽しみがありますよね。恭子さん、酒饅頭はお好きですか？　お好きならおすすめしたいのが、荻窪の「高橋の酒まんじゅう」[23]。酒饅頭しか売ってないお店なんです。初めて買ったときに、賞味期限も短いし、家に他のお菓子もあったから三つだけ買ってきたんですけど、スルッと終わってしまって。「なんで私、十個入りを買ってこなかったんだろう」と、激しく後悔した一品です。

I　それはいつか食べねば。賞味期限が短いお菓子といえば、京都「甘泉堂」[24]の「水羊羹」や堺「かん袋」[25]の「くるみ餅」も美味しかったです。「食べてもらいたくて」と、買ったその日に届けてくれた友人のお気持ちも含めて、忘れられない味わいです。

夫婦で過ごすお茶とお菓子の時間

U　私は、日々お茶の時間に本当に助けられています。忙しくても「お茶の時間までとにかく頑張ろう」と思いながら生きている感じ。恭子さんにとって、その時間はどんな効用がありますか？

I　あまりにも身近すぎて、果たして効用が得られているのかどうか（笑）。あるのが当たり前、ない状態が想像できないという感じです。でも真美さんの「お茶の時間を区切りに使う」という話を聞いて、ハッとしました。私はいつも、食後がそのままお茶の時間なので、「お茶の時間がやって来る」という感覚がなくて。

U　私も食後に甘いもの食べたりしますよ。でも、ほんの少し。「三時のおやつ」の習慣はないの

23　高橋の酒まんじゅう…東京・荻窪にある酒饅頭専門店

24　甘泉堂…京都・祇園にある1884年創業の老舗和菓子店

25　かん袋…鎌倉時代末期の1329年創業の大阪・堺市にある老舗和菓子店

ですか？

I　途中におやつの時間が入るすきがないんです。お昼ごはんを食べたあともお茶をするし。

U　ああ、食事がコース形式なんですね。甘いものがデザート。

I　ごはんを食べたら、食後のコーヒーやお茶と甘いものは必ずセットなんです。そのお茶時間に一時間くらいかけているので。しっかり食べてくつろいで、「じゃあ、そろそろ仕事を始めましょう」という感じ。夕食の時間のあともそんな風に過ごしているから、ずーっとお茶していたら十一時とか、普通によくあります。

U　服部さんも甘いものがお好きですものね。

I　今日あったことや相談事など、一緒に仕事もしているから、話すことがたくさんあるんです。お茶を飲みながらだと、リラックスしながら話せますし。

U　ご夫婦だけの晩酌なんですね。いい時間だなあ。

I　そう、晩酌代わりかも。ご家庭によってはワインとおつまみなのが、わが家は甘いもの。飲み物はお菓子に合わせて、コーヒーや紅茶だけでなく、ハーブティーや中国茶を選ぶときもあります。ワイン好きの方は「この料理に、あのワインを」という風に楽しんでいると思いますが、わが家の場合は「お取り寄せしたこのケーキに、あのお茶を合わせよう！」という感じ。

U　お酒に酔うのとは違ったフラットな感覚で、でも気持ちはゆったりほぐれて。お互いの考えや気持ちを、いい形で伝えられそうですね。

4

朝吹真理子

作家

まるで時空を彷徨って、すべてを実際に見てきたかのような博識さと、朗らかな笑顔と紡ぐ言葉の美しさと。食卓を一緒に囲む際の視線や表情には、そこにある喜びと真理子さんにしか見えない時間の重なりがあるようです。そこで発せられる言葉たちは、物語の紡ぎ手ならでは。表現力や言語化能力に感嘆し、いつも感謝をしています。

Mariko Asabuki

慶応義塾大学大学院文学研究科国文学専攻修士課程修了。二〇〇九年『流跡』でデビュー、二〇一〇年同作でドゥマゴ文学賞を最年少受賞。二〇一一年『きことわ』で第一四四回芥川賞受賞。著書に『TIMELESS』、エッセイ集『抽斗のなかの海』『だいちょうことばめぐり』など。さまざまな媒体で文筆活動を行う他、言葉の表現を通じ、石巻「リボーンアート・フェスティバル」や「国東半島アートプロジェクト」などの芸術祭にも積極的に参加している。

立ち上る「湯気」がご馳走

内田真美（以下U）　本日は真理子さんの大好きな「cimai」[1]の「黒糖くるみパン」をご用意しました。「焼き」と「蒸し」、どっちがいいですか？　蒸しも美味しいですよ。

朝吹真理子（以下A）　嬉しい！　二〇二二年の春に真美さんに送っていただいてから、ときどき注文しているんです。「黒糖くるみパン」はハーフカットで入っていて、いつか一本全部を自分のお腹に入れたいと、強欲に思っています（笑）。あといつもケーキがひと切れ入っていて（天然酵母を使ったcoboケーキ）、それも本当に美味しくて。

U　バターもつけます？　有塩で大丈夫ですよね？

A　お願いします。パンをカットしたときの気泡の形も可愛い。いつも「発酵したんだね」としみじみ思って見ています。（蒸したパンの登場）わ〜、湯気の出るパン、幸せ。

U　「cimai」のパンは生地がしっかりしてるから、蒸してもふかふかしすぎない。私もこの「黒糖くるみパン」はだいぶ長いこと食べ続けているけれど、頂戴するたびに美味しいなと思います。

A　厚くカットするのがご馳走感があって好きです。父も「cimai」ファンで。「ころんとしたテーブルロールが本当に美味しい」と言ってます。

U　蒸すと黒糖の甘くどっしりとした香りが強く感じられて、続けて発酵の香りもやって来る。焼くのとはまた違った味わいが楽しめます。真理子さんはいちばん好きな食べ物が「湯気」なんですよね。真理子さんがいらっしゃるときは、湯気のお料理かお菓子にしようと思うもの。インスタグ

1　cimai…2008年にオープンした埼玉・幸手市にある姉妹で営むベーカリー

ラムのプロフィールにも、「炭水化物と湯気が好きです」と書いてある。

A　湯気はいちばんのご馳走。あったかいお茶が好きだけど、それは湯気が出ている姿に喜びがあって。だから60℃くらいで出す上等な緑茶は、自分ではほぼ淹れません。あと、冬の酒蒸し饅頭は最高。蒸し器から取り出すとすぐ固くなるから、急いで食べなきゃいけないと焦っていつも立ち食いです。やっぱり寒い時季は、しゅわしゅわ〜と湯気が台所いっぱいになっているものがいい。

U　九州育ちの人間なので、私も酒蒸し饅頭は大好き。

A　あと蒸しパンも大好きです。「ナチュラルハウス」[2]に黒糖の玄米蒸しパンが昔からあるんですけど、それを蒸してもらってバターをつけて食べるのが、子どものときの冬の朝ごはんの定番でした。

U　私も黒糖味が好きなんです。九州は黒糖味がいろいろあって、身近な分、逆に子どもの頃はピンときていなかったけれど、大人になって食べると滋味深くて美味しいなあと。だいぶ好みがつながりましたね、蒸されたものたち。

A　湯気、炭水化物、黒糖に惹かれがちと本日分かりました。

U　真理子さんに聞いてみたかったのは、小説の中に食べ物がすごくよく出てくるじゃないですか。ぼんやりした一般名詞じゃなくて、わりとはっきりした固有名詞も出てくる。

A　ああ、そうかもしれません。人間は食べるものの選び方に性格が出ると思っているのかもしれないです。

2　ナチュラルハウス…1982年設立の自然食品店

U　そういうのって、頭の中にあるイメージボードのようなものに書き留めていくのか、あるいは無意識なのでしょうか。

A　うん……胸の奥に切ないくらいの乳の発酵したにおいがしたんです。ずっと忘れがたくて、真美さんのスコーン。

U　ありがとうございます。『TIMELESS』[3]の中で、わが家で一緒に食べたスコーンを題材にした場面を書いていただきましたよね。焼きたてのスコーンを割ると、湯気で頬が濡れるって。

A　夏にいただいて。小説の中にやってきたのは、半年後くらい。食べた瞬間は書こうとは思っていなくって、エッセイでは書きたいな……と思っていたけど。

U　そういう感じなんですね。真理子さんは香りや質感にすごく敏感。どんな香りがしていたかよく覚えているし、感触とか色とか、描写は薄曇りのガラス向こうにある感じでこの世感があまりないのに、でも情景はすごく近くに感じる。「しっかり五感を通じて記憶が刻まれているんだな」「作家の方はこう見えて記憶するのか」と感激したんです。

3　『TIMELESS』…2018年、新潮社刊。スコーンの情景が登場する朝吹さんの長編小説

東京育ちの思い出のお菓子

U 真理子さんは代々東京に暮らす家に生まれて、幼い頃から意識しなくても東京のお菓子を召し上がっていますよね。これが地方から来た者にしたら、すごく眩しいのです。もちろん私にも長崎での記憶や独自の経験があるのですが、東京のお菓子にまつわる記憶みたいなものが私には知り得ないので、いつも興味深く思っています。真理子さんのご家庭の中で記憶にあるお菓子や、喫茶の思い出を教えていただけますか。

A 江戸っ子に怒られないといいのですが、明治時代に九州から東京に来ています。

U 三代続けば江戸っ子といいますから。どんなお菓子を召し上がっていましたか？

A 甘いものが得意ではない子どもだったので、食べられるお菓子が乏しかったです。今はすっかり甘いもの好きですが、子どもの頃は生クリームがべとっとしていてよけて食べていたし、チョコレートは吐きだしていました。おやつはかんぴょうを甘辛く煮たものとか、干し椎茸の煮物とか、おむすびとか。そんな子どもでも、積極的に「食べたい！」と思ったのは、「レンガ屋」[4]のプリン。近所にあったお店です。

U 代官山のヒルサイドテラスにあった、フレンチレストランですね。レストランの棟とは別のところに、カフェと洋菓子店もあった。

A ちょっと濃いめに出した紅茶の色に似た、赤みがかったカラメルが本当に美しくて。甘過ぎなくて、プリンは硬め。白い筋がいっぱいあるココットに入っていた。子どもの頃に好きだった外の

4　レンガ屋…1969年、代官山のヒルサイドテラスの完成とともにオープン。A棟に菓子店、B棟にレストランがあった

おやつというと、それを思い出します。

U　私二十代の頃、「レンガ屋」の奥にある陶芸教室に通っていたことがあるんです。平日の日中という時間帯だったせいか、生徒さんはご年配のマダムが多くて、いつもお茶の時間がありました。だから、お土産にお菓子を買って帰ることはあったんですが、お店の中で食べたことはなかったんです。それと以前、真理子さんのお父さまにわが家のプリンを召し上がっていただいた際に、「レンガ屋のプリンを思い起こす」と光栄なお言葉を頂戴して。私にとっても「レンガ屋」は「東京らしいお菓子屋さん」のイメージが強く残っているので、ご家族の思い出の味に近づけたのなら本当に嬉しく思いました。

A　遠いお店だと、帝国ホテルにある、今の「パークサイドダイナー」[5]になる前の「ユーリカ」[6]かな？　そこの「インペリアルパンケーキ」。一時期なぜかホテルのプールに通って水泳の練習をしていて、帰りに母と一緒に食べていました。

U　すごくいいですね！

A　泳いだあとの甘いものって、だるい体にしみこんで気持ちいいですよね。薄いパンケーキが三枚重なっていて、ホイップバターと苺のジュレがかかった生の苺が添えられてくる。それが宝石みたいに綺麗で。はちみつかメープルシロップかを選べて、私はメープルシロップ派でした。

U　確か一九五〇年代から変わらないレシピで作られてきたパンケーキですよね。東京は長く続く老舗ホテルがいくつもあって、ご家庭によって贔屓のホテルがあったりしますよね。帝国ホテルならパンケーキ、オークラなら「特製フレンチトースト」や「レモンパイ」、パレスホテルなら「マ

5　パークサイドダイナー…東京・内幸町にある帝国ホテル東京内のダイナー。帝国ホテル伝統の人気メニューを提供する

6　ユーリカ…帝国ホテル東京に1992–2007年にあったカジュアルレストラン

ロンシャンティイ」という風に、それぞれシグニチャーのお菓子があって、ご家庭の歴史と共に受け継がれていくのがいいなあと、老舗ホテルに伺うたびに思います。

A　あと「シルバーダラーパンケーキ」という小さい版のパンケーキもあって、母はそちらのほうが好きで食べていました。

U　シルバーダラーもあるんですね！　あれは小さいから、焼くのも大変なんですよ。焼く労力に対しての食べる時間の短さったらないです。ご家族でデパートにお出かけするとしたら、どちらに行かれていたのですか？

A　母と行くときは西武渋谷や東急本店が多くて、祖父母とは日本橋三越が多かった気がします。祖母は戦後、銀座で広告代理店を始めた仕事人だったんです。会社は銀座の「凮月堂」[7]のビルの上にあったので、「凮月堂」を見ると、祖母を思い出します。

U　まさに銀座という場所ですね。

A　あ！「資生堂パーラー」[8]も好きでした。

U　ご実家がご贔屓にしていて、「子ども時代に『資生堂パーラー』でパフェを食べていた」というお話、素敵です！　私は全部大人になってからですもの。

A　でも大人になってからのほうが、絶対に楽しいですよね。自分が好きなものを、自分の意思で食べるほうが楽しい。昔はもっと大人と子どものテリトリーがはっきり分かれていて、パーティなんかでも「子どもの時間はもうおしまい」って狭い部屋に入れられたり、途中で帰されたりしていて。自分も「大人のペースに付き合わされて何か退屈だなあ」と思っていて、家で駄菓子の「都こ

7　銀座凮月堂…東京・銀座にあるカフェ、菓子販売店

8　資生堂パーラー…1902年創業の洋食、喫茶、洋菓子の販売を行う企業。銀座に本店があり、全国に展開

んぶ」や「あんずボー」を食べてるほうが気楽でよかったです。

U　確かに子どもにしてみたら、そうですよね。

「美味しいもの」がある風景

A　東京ではないけれど、「美味しかった甘いもの」の思い出といえば、奥志賀高原のスキー場で食べたジャムトースト。たくさん滑って、くたくたになったあと、暖炉の前で、厚切りのトーストにバターをのっけて苺ジャムを塗りたくって、ホットココアと一緒に食べるんです。パンは湯気が上がるくらい熱々だったから、バターも瞬時にじゅわ〜と溶けていく。ジャムは苺の植物絵が描かれたパックに入った、ペクチンで固めたもの。食べているうちに暖炉の前で体もゆるんでだるくなって、足先や頬のあたりがジンジンしてくるんです。血糖値がギューンと上がったあと下がるから、そのまま眠くなる。

U　そのお話、前にも聞いたことがあります。スキー終わりのほっぺの赤い真理子さんが、ジャムトーストを食べている様子、可愛かったろうなあ。うちの娘も、校外学習でそういったジャムの味を覚えていました。食パンにパックに入ったペクチンの多いジャムを塗って食べると美味しいって気づいたらしくて。

A　今もあのトーストあるのかなあ。

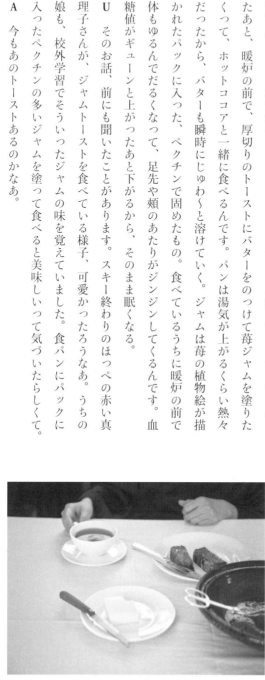

U　真理子さんは美味しいものの記憶が、景色や場面と強く結びついているんですね。

A　美味しい景色といえば、真美さんのお宅でごはんやお菓子をいただくときは、いつも「幸せ」と「発見」があるんです。知らない食べ物を教えてもらえるし、食器やカトラリーが銀と白の世界で清潔で……清潔すぎると緊張するのに、真美さんのお人柄のせいかすごくリラックスできる。でも、「これは！　今まで食べていたものとは違うものが口の中にある！」と発見があるから、脳内は結構せわしなくもなります（笑）。

U　嬉しいな。ありがとうございます。

A　真美邸でいただいた、台湾の干しパイナップルは、うなりながら食べることがやめられなかった。今まで干しパイナップルなんて興味を持ったこと一度もないのに、ひと口食べただけで「これは！」となった。

U　台北の「清浄母語《チンチンムーユー》[9]」のドライパイナップルですね。召し上がったときのあのお顔が忘れられないです。すごい目を見開いてた。

A　そのあと台湾に行ったとき、気が狂ったように干しパイナップルを買ったんですけど（笑）、帰国後にクレジットカードの明細を見てぞっとしました。「私はこんな高級なパイナップルを真美さん家で食べ尽くして、お土産までもらってしまったんだ！」って。本当にごめんなさい。

U　いえいえ！　そんなに喜んでいただいて嬉しかったですし、台湾のお店を気に入ってくださったら、私の喜びです。あのお店、置いてあるものがすべて自然農法などで作られていて、貴重な食材ばかりなので値が張るのです。でも品物はきちんと厳選されていて、全部美味しい。

9　清浄母語…台湾・台北のオーガニック食材専門店

A　以前みんなで、真美さんが雲南で買ってきた貴重な中国茶をいただく機会もあったじゃないですか。一煎目はまだ眠っているかのようで、お白湯の向こうにほんのり香りがして、二煎目、三煎目……と印象が変わっていく。その緩急の間にみんなでおしゃべりするのが楽しくて。食べ物や飲み物について話し合うのが珍しい時間で、普段は「うま！」で済ませているものを、必死に言語化する貴重な時間。

U　いつもすごく喜んでくださるので、お招きする側としてはすごく有難いです。料理関係の友人とは、同じような観点、同じような言葉で料理を表現しがちですが、真理子さんのような異分野の方が、どんな風に感じてくださるのか、私にも毎回楽しさと驚きがあります。いつも思いもよらぬ美しい言葉を紡いでくださって、本当に嬉しい。

A　そして忘れられないのが、「生姜糖水」。ある日の食事会で、舌の上や喉に香りだけがうっすら存在していて、味そのものはお水のように去っていくという素晴らしい食べ物をいただいて感動のあまり、この先に、私がもしペンネームを持つとしたら、生姜糖水と名乗りたい。半井桃水《なからいとうすい》（明治から大正期に活躍した小説家）みたいな響きでいいなと思って。

U　パイナップルのマリネに、ハーブの香りだけを移した味のない透明なゼリーをのせて、生姜糖水を注いで食べるデザートをお作りしたんですよね。

A　自分の心根の悪い部分が、食べることによって透明になるような錯覚がありました。

U　少し汗ばむ季節だったので、冷たくした南国の果実に通り過ぎるだけの香り、それをたっぷりの糖水と一緒に楽しんでいただけたらと用意したデザートでした。真理子さんのような方の記憶の奥底に残れるものを作れたらといつも思いますし、その記憶が創作時に何かしらの一滴にでもなれたらすごく光栄で、嬉しいことです。

A　真美さん宅にお呼ばれした夜は、本を一冊読んだような、放心の時間です。景色が浮かんでくるんです。

同じ店に通い続けること

U　今まで行った喫茶店で、印象的だったところはありますか？

A　「銀座ウエスト」の夜の照明が大好きです。蛍光灯で青白くて、突然ＳＦの中の「もう存在しない喫茶店の思い出」の中にトリップしたような感じで。昼とは全然違うムードなんです。

U　夜は白いクロスがやけに反射しますよね。もとから大人のお客さまは多いけど、夜はお仕事の方も多いからぐっと年齢層が上がって。「ウエスト」は青山のお店には行かれないのですか？

A　青山にも行きます。あそこは席間が異様に広いのが嬉しくて。いつも混むからオープンぴったりの十一時に行きます。それでも入れないときは、近所の「デニーズ」で仕事やランチして、そのあと喫茶しに行ったり。

U　「ウエスト」では何を注文しますか？

A　注文してから二十分くらいかかって出てくる「ホットスフレ」。

U　わ！　珍しい。これまた湯気が出るメニューですね。

A　あと「モザイクケーキ」。「マッターホーン」[10]の「ダミエ」も大好き。

U　デザインは違いますが、まったく同じ構成です。「ウエスト」にいるとき、同じ時間帯でスフレをオーダーしている人を見かけると、「素敵ですね。幸多かれ！」と心の中で思っています（笑）。私もだいたい決まっていて、サンドイッチを食べて、それからミルフィーユ。

A　サンドイッチは何を召し上がりますか？

U　私はライ麦のトーストで「ハムとヤサイのサンド」。お菓子がコンポティエにずらりと並んだ様子を見たいからいつも「今日のケーキを見せていただけますか？」ってお願いするんですが、結局、店内でしか食べられない、その場で構成するミルフィーユにしてしまいます。友人たちにこの「ウエストにおける定番」を伺うのが好きなんです。

A　スフレもそうだけど、ミルフィーユもテイクアウトできないから、お店でしか食べられない。

U　生クリームと一緒に果物が添えられるんですけれど、季節によって違うんですよ。苺だったり、シャインマスカットだったり。

A　「ウエスト」のカスタードクリームって、ぬたっとしていませんか？

U　ぬたっとしている。けれど、重たくはない。確か少し軽やかにさせるため、牛乳ではなくエバミルクを使っているとどこかで読んだ記憶があります。私も生クリームがあまり得意ではないから、ついカスタード系のお菓子をお願いしちゃう。

A　あと定番ですが、「ヨックモック」[11]が大好きで。青山本店には、今も原稿を書きに行ったりしています。

10　MATTERHORN…東京・学芸大学にある1952年創業の老舗洋菓子店。喫茶室も併設

11　YOKU MOKU…1969年創業、洋菓子の製造・販売を手掛ける日本の企業。東京・青山本店にはレストランがある

U　「ヨックモック」素敵ですよね。改装後もモダンだけどオーセンティックな雰囲気があって。お菓子は誰もが大好き。子どもの頃、お中元やお歳暮で頂戴した缶を、いちばん先に開けて食べていましたね。

A　知り合いの作家の方が、国際的な文学イベントに「ヨックモック」のお菓子を持って行ったら、イギリスの方に「君の国は何て素晴らしいものを作っているんだ」と褒められたらしく、いい話だなあと思って。「シガール」はもちろん、ホワイトチョコを挟んだ菓子（「ドゥーブルショコラブラン」）も好きです。ホワイトチョコはそんなに好きじゃないのに、「ヨックモック」のは何枚でも食べられちゃう。

U　ラングドシャにホワイトチョコが合うんですよ。普通のダークなチョコレートだと、ラングドシャに対して少しバランスが強くなっちゃうから、ヨックモックのチョコはミルク寄りです。

喫茶することは日常の憩い

U　東京以外で、どこか思い出のお店はありますか？

A　倉敷の「エル・グレコ」[12]。倉敷に行ったら絶対寄りたいお店です。

U　行ったことがないです。どんなお店なんですか？

A　大原美術館[13]の隣に一九五〇年代からあるお店で、煉瓦造りに蔦が絡まった、とても風情のある喫茶店なんです。小学校の修学旅行で初めて行って、感激しました。

12　café EL GRECO…1959年開業、岡山・倉敷市の大原美術館の隣にあるカフェ

13　大原美術館…倉敷市にある1930年に設立された日本初の私立西洋美術館

U　小学生でお店に入れたんですね。すごい。

A　その後、高校時代にも行くんですが、確か友だちの誰かが失恋したということで、「グレコで励まそう」となったんです。でも私は大原美術館でどうしてもマティスが見たくって、「ちょっと悪いんだけど、先に入ってて」と伝えて、大急ぎで美術館へ行ったんです。館内でマティスを探しあてたあと、小走りで「エル・グレコ」の友人たちと合流して、チーズケーキを食べてひと息ついた。そのときの空気感とかも、覚えています。

U　やっぱり情景がセットなんですね。歴史のある街の喫茶店は、名店が多いですよね。京都あたりもよく行かれますよね？

A　「イノダコーヒ」[14]の窓辺沿いの席。あとは友人が連れて行ってくれた、大徳寺のそばに名前のない喫茶店があって、そちらも大好き。

U　そのお店、噂は聞きます。普通には辿り着けないお店ですよね。

A　古民家を改装されたお店で、可愛い猫ちゃんがいて。店主の方が作られている、ホワイトチョコがかかっている黒糖のクッキーがコーヒーに合う。セーラームーンみたいなオーロラ色のピンクのリボンで結んでくれるんです。

U　ところで真理子さんはよく、外でも原稿を書かれているじゃないですか。カフェや喫茶室に行く理由、効用はどんなところにありますか？

A　状況によって違っていて、仕事にひとりで行くときは創作のカンフル剤というか、イメージに潜水のスイッチ。食べてお茶飲んで「さあ、やるぞ」となるから、効用はあるかもしれないけれど、

14　イノダコーヒ…京都に本店・本社を置く1940年創業の喫茶店

幸福感にはあんまり結びついていないかも。「この本をゆっくり読みたいな」と出かけるときは、幸福を感じています。綺麗なお菓子がずらりと並んでいるの見たり、頼むものは決まっているくせに、メニューを見たりするのがすごく好きなんですよね。できればお茶はポットで、差し湯をしてくれるお店だと有難い。

U　私も。差し湯というのは英国式なので、そういったティールームや老舗店やホテルなどが多いとは思うのですが、差し湯のウォータージャグがついてきたりすると、お店としての心意気とやさしさを感じます。

A　あと喫茶店へと移動するときに、頭の中にやってきたことを書きたいのに書けない、ペンディングの時間があるのがすごくよくて。「ああ書きたい、書きたい」と思いながら席に着いて、オーダーをして。お茶が来るのも待てずに書き始める。余裕がないことで、かえって集中できます。

U　カンフル剤のお仕事用のお店と、幸福感のお店は使い分けていたりしますか？

A　新規開拓が苦手で、基本的には同じお店。新しいお店に入って、違ったときのダメージが大きいから、昔から通い慣れているお店に行きたい。すごく保守的なんだと思います。わざわざいろんな手段を使ってまで、美味しいものを食べたいという欲望もあんまりないんです。

U　喫茶は、そこに行くことが目的じゃなくて、日常の憩いだったりしますよね。

A　お洒落な新しいお店もたくさんあるけれど、馴染みのある場所に行きたい。だから人が見たらあきれるくらい、同じお店にばかり通い続けています。

U　真理子さんらしい「喫茶の効用」に納得します。歩いて行ける馴染みのお店で、ご自分の生活様式を崩さず、少しの雑音や人の気配も創作の糧にするというのも作家の方ならではですね。人それぞれの効用がある喫茶店というのは、やはり有難い存在ですよね。

Yuko Yamamoto

Hatsue Shigenobu

Kyoko Ide

Mariko Asabuki

Ricca Fukuda

Shiho Nakashima

Sakiko Hirano

Yuichi Goto

Love
your
Neighbour
as you
love
yourself

PATH

5

福田里香

菓子研究家

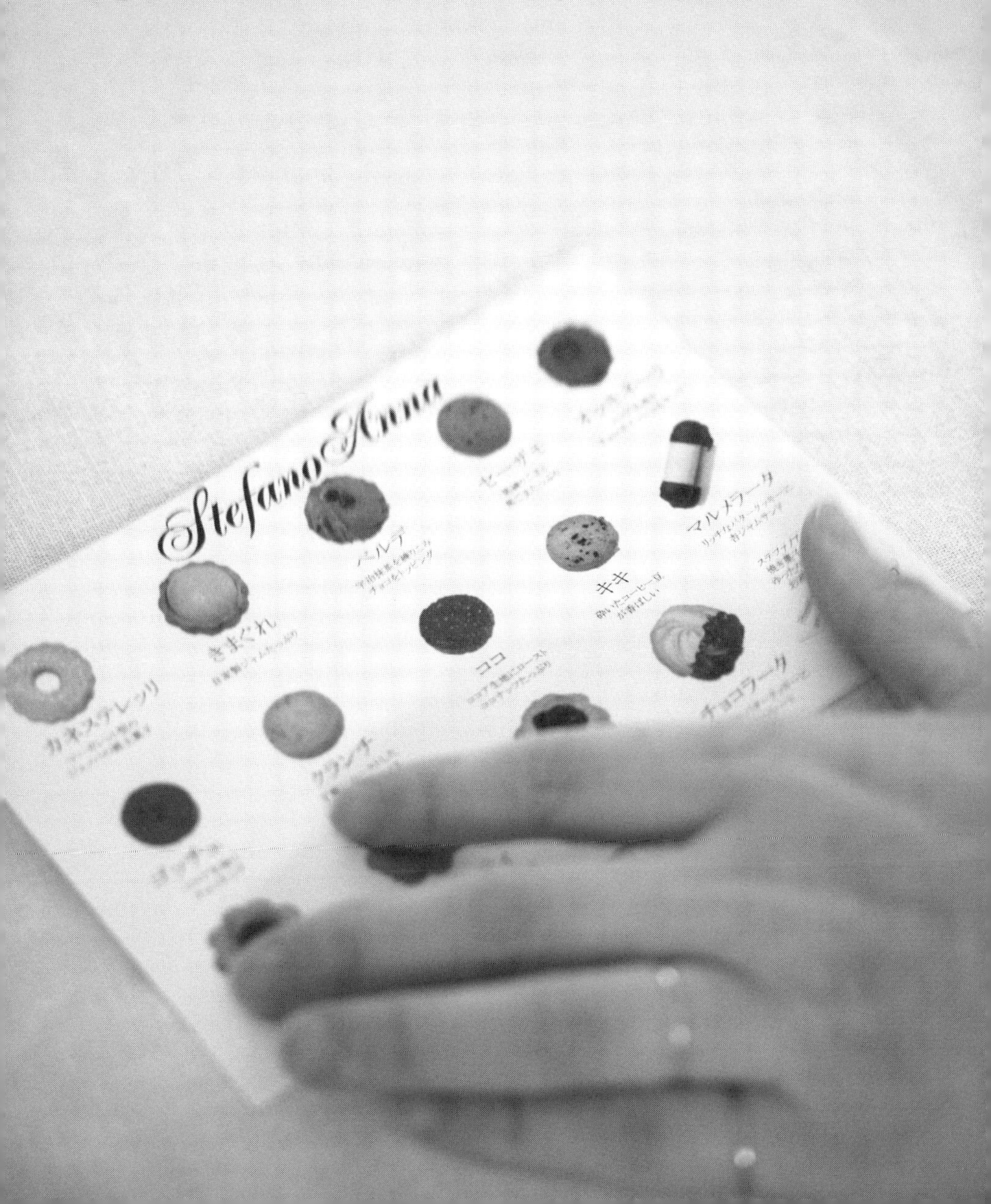

「料理研究家に憧れたのは里香さんの本から」という方は多く、私も違わずそのひとりです。言わずと知れた、知識の重厚さと守備範囲の広さ。それらと読者の距離を近づけるように再構築なさる構成力には感嘆せざるを得ません。それに加えて、いつも心遣いに溢れたお菓子や珍しいお菓子をお届けくださるやさしさにも感謝をしきれない、永遠に憧れの方です。

Ricca Fukuda

武蔵野美術大学卒業後、果物の老舗「新宿高野」に勤務したのち、菓子研究家として独立。書籍、雑誌、web、広告など幅広く活躍する。メーカーやショップと組み、デザートやお菓子のプロデュースも数多く行う。マンガや民藝に関する造詣も深く、エッセイや評論でも活躍する。著書に『民芸お菓子』『R先生のおやつ』『いちじく好きのためのレシピ』など多数。

お菓子を贈り合う

内田真美（以下U）　里香さん、美味しいお菓子をいつもありがとうございます。毎回、珍しいものや、「おっ、これは」と思うものをお持ちくださったり、お贈りくださったり。

福田里香（以下F）　今日は人に贈るお菓子がテーマということで、一個目はこちら。

U　吉祥寺の「ステファノアンナ」[1]のクッキー詰め合わせだ！　嬉しい！

F　こちらはラッピングも素晴らしくて。イタリア現地でお菓子を買うと、箱じゃなくて板にのせて包んでくれたりするんですよね。向こうそのままのスタイル。

U　量がたっぷり入っていて、意外とリーズナブルなのも嬉しいですよね。誰もが好きな、見たまんまの素直なやさしい味わい。

F　店主の方は、有名店とか有名シェフではなく、ジェノバの個人店で修業されたんですよね。カントゥッチ（トスカーナ地方の郷土菓子）も本当に美味しい。たぶんアーモンドがすごくいいんだと思うな。クッキーの中では、この「アマレーナ」（アマレーナチェリーと杏のジャムが入った花形のクッキー）が私は好き。

U　普通ジャムクッキーは焼成時に飛ぶ水分量を計算して、焼いてる途中にジャムをのせたり焼き上がってからのせたりするけれど、これは最初から入れて焼いたような雰囲気。そういう素朴な

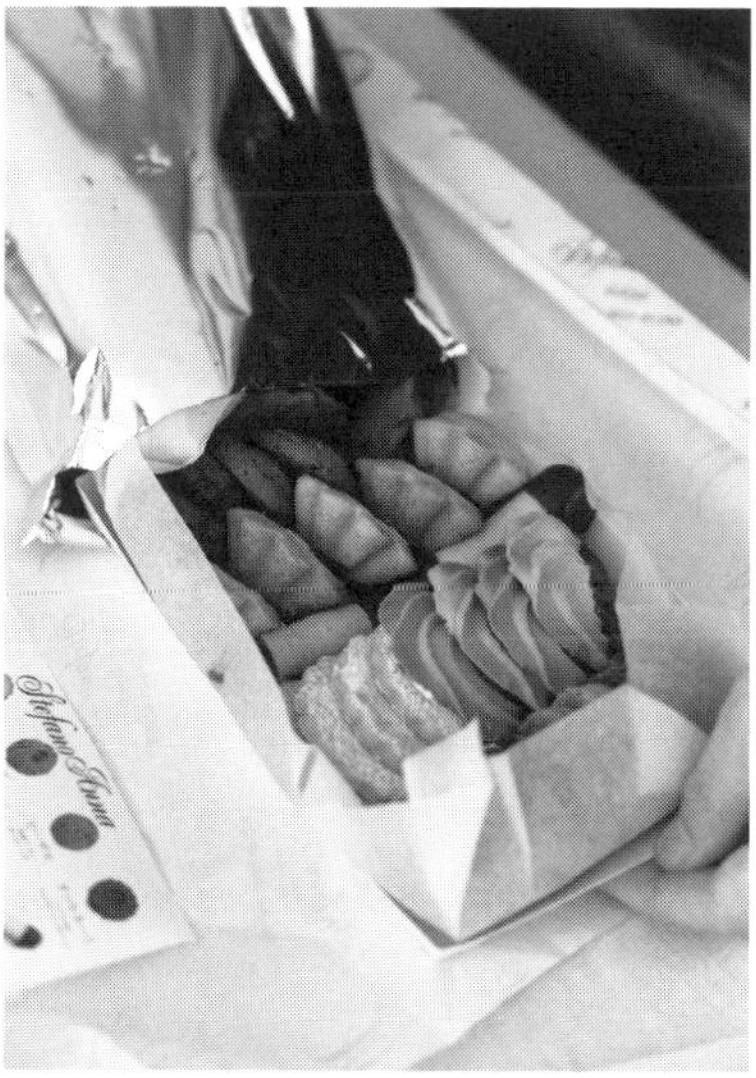

1　Stefano Anna…2007年にオープンした、東京・吉祥寺にあるイタリアの焼菓子店

感じもいいですよね。

F　このさくらんぼの味が、向こうの味なんですよ。日本は生食で食べる品種を育てているから、この味にならない。

U　分かります。私、ドレンチェリーも好きなんですよ。ドレンチェリーって飾りだと思っている方が多いけど、チェリーという概念の味がするし、ドレンチェリーという固有のものになっている。キルシュなどの洋酒に漬け込まれてフルーツケーキに焼き込まれていると、それを入れる理由がよく分かります。今はなき「ルコント」[2]の「フルーツケーキ」とか、大好きでした。

F　あの断面の可愛さたるやね。バンバンと惜しみなく入っていて。

U　私が「里香さんに召し上がっていただきたい！」と用意したのは、青森の「シュトラウス」[3]というお店の「アップフェルシュトゥルーデル」です。

F　クラシックな箱も素敵ですね。

U　私はウィーン菓子や中央ヨーロッパのお菓子が大好きなんですが、フランス菓子やイギリス菓子にくらべると圧倒的に店舗数が少なくて、美味しいお店も限られている。地道に日本全国のコンディトライ（ドイツやオーストリア、北欧などに見られるカフェを併設した菓子店のこと）を探しているのですが、こちらを見つけたときは店舗自体が本当にウィーンカフェのままで驚きましたし、取り寄せたら驚きの美味しさで！　ザッハートルテはもちろん、普段は様式美的にいただくことが多いアプフェルシュトゥルーデルが本当に素晴らしいんです。このお菓子の起源はトルコやアラブなどで作られていたバクラヴァといわれてますけど、その発祥をしっかり感じられる味わいなんです。

2　A.Lecomte…1968年創業、フランス人パティシエ、アンドレ・ルコント氏のパティスリー（2022年閉店）

3　ウィーン菓子 シュトラウス…1987年に開業した青森市にあるウィーンの伝統菓子店。1階はケーキのテイクアウト、2階はカフェサロン

F　本当だ。美味しい。寒いウィーンでは、アーモンドやピスタチオが育たない代わりに、りんごはいっぱいあるから、煮て、ドライフルーツと合わせて一緒に巻いたら美味しかった……ということなんだろうね。

U　どんな場所でも、その土地で採れるものでお菓子や料理を作りますからね。こちらのお店は青森なのですが、フィリングのりんごも酸味や香りのバランスがよく、生産地ならではの美味しさを実感します。

F　粉の皮にあんこをくるむのは世界共通だよね。中近東ではピスタチオだし、ヨーロッパだとくるみやドライフルーツ。東南アジアなら蓮の実で、日本に来たらお豆になっちゃう。そのあんこに甘みをつけるというのが共通。

U　「シュトラウス」は「甘精堂」[4]という老舗の和菓子屋さんの五代目の三浦祐一さんが、ウィーンに渡って七年間修業を積まれ、当時日本人では数人しかいなかったというオーストリア菓子職人の最高位として認められた国家資格の「コンディトア・マイスター」を取られて、開いたお店だそうです。

F　すごく優秀な方だったんですね。

U　（包丁でカットしながら）音が聞こえますでしょうか、底がザクザクと。生地は薄くて底がパリッとしている。通販でまるごと一本取り寄せられるんですけど、軽やかだから、娘とふたりで数日あ

4　甘精堂本店…1891年創業の青森市にある老舗和菓子店

れば食べきれちゃう。有難いことに、この独自の食感が数日間ずっとパリパリなのです！　ウィーンでいただいたお味と青森で出合えるなんて、本当に感激でした。

F　私のふたつ目のお土産は、昨日関西に出張に行っていたので、大阪・高麗橋「菊壽堂義信」[5]のお菓子。天保年間から創業している、大阪で現存する最古の和菓子司です。

U　わ！　すごい桶に入った「梅干し」という名前のお菓子。（封を開けて）一個が意外と大きい。赤紫蘇の香りがします。

F　ちょっと日持ちがするように、まわりの砂糖が強めになっているみたい。

U　でも食べてみると思ったほど甘くないですね。中の白あんがほどよい。これはお茶を呼ぶお菓子ですね。印象にも残りますし、こうやって貴重なものをいつもお持ちくださる。ありがとうございます。

美味しいお菓子はパッケージも美味しい

U　里香さんはご友人の皆さまにお菓子を贈られる機会が多いと思いますが、どんなことに気をつけていらっしゃいますか？

F　やっぱり喜んでほしくて贈るわけだから、その人の〝お菓子リテラシー〟に合わせる感じかな。「この人にはポピュラーすぎるかな」とか、「この人には分かりやすいものを贈ろう」とか。どっ

5　菊壽堂義信…天保年間（1831–1845年）創業といわれる大阪・高麗橋にある老舗和菓子店

ちが偉いとか、いい悪いではなくて、それぞれの好みで楽しめるものを。真美さんには、やはりマニアックなものが多いかな（笑）。

U　娘のお祝いごとには、必ず東京の「村上開新堂」[6]の生菓子をくださって。紹介制のお店で、自分では買うことができないので、本当〜に嬉しいです！

F　『装苑』[7]で二十数年間、フードコラムの連載をしていて、そのツテで。相手に喜んでもらいたいのもあるけれど、私も定期的に買い物をしたいんです。でもね、クッキーは特に、今どきのバターたっぷりのお菓子が好きな人からしたら、あっさりした味だと思うんですよ。食べ手を選ぶ味。

U　その代わり酸化しにくいから、日持ちするんですよね。一個一個それぞれに、驚くほど手がけられている。それと「村上開新堂」といえば、特別で素敵な包装もひとつの楽しみですよね。そしてこういう言い方は適切ではないかもですが、「素敵な過剰包装」なんですよ（笑）。この包装をひとつひとつ解いていくのが毎回大行事のようになっていて、それも喜びです。いちばん外の大きな花のシールから始まって、紅白の水引に、リボンもかかっていて。何も書いていない花のカードが挟まれていて。このカードが清楚で本当に可愛い。カードは最初から中に包まれているから、贈る人がメッセージを書けない！

F　カードは「開新堂の可愛いもの」として存在している。私も包装紙とか一式、全部取ってあります。洋菓子がすごく貴重で大切だった明治の頃の雰囲気が残っていますよね。そして最後はピンク色の缶。缶が無地なんですよ。「そこにこそ店名でしょう」と思うんですが、無地。

U　文化遺産的な味、明治の味というと、夏の間に出る半生菓子も素敵ですよね。丸いカップ状の

6　村上開新堂…1874年創業の完全予約制の洋菓子専門店

7　『装苑』…文化出版局が発行する1936年創刊のファッション誌

パウンド生地の中に、ふくよかなセミドライの杏とパイナップルのシロップ煮が入っているケーキ。私の中では、関東特有の避暑地の洋館みたいな場所でいただくイメージなんです。

F　東京を出発するときに、「軽井沢の別荘で食べてね」と持たされるようなお菓子。サイズも小ぶりで、本当に上品で。「開新堂」さんの生菓子と甲乙つけ難く好きです。

U　里香さんは「包装までが製菓です」との名言を残されていますが、お持ちのお菓子箱や包装紙のコレクションも素晴らしいですよね。今日はそのお宝の一部もお持ちいただいたんですが……。

F　こちらはイギリスの百貨店「ハーヴェイ・ニコルズ[8]」のクッキーのパッケージ。一九八〇年代末にロンドンで購入したと思うんだけど、モノクロームの子どもの写真がパッケージに使われている。これはお菓子界のパッケージの革命だったんですよね。

U　わあ、懐かしい。私はその時期のロンドンには行ったことなかったんですけど、パリの「ハーヴェイ・ニコルズ」でこのシリーズのパッケージがずらーっと並んでいるのを目撃しました。「すごく洒落たパッケージ！」と驚いたのを覚えています。

F　これは、バークレーの「カフェ・ファニー」の歴

8　Harvey Nichols…1831年創業のイギリスの百貨店

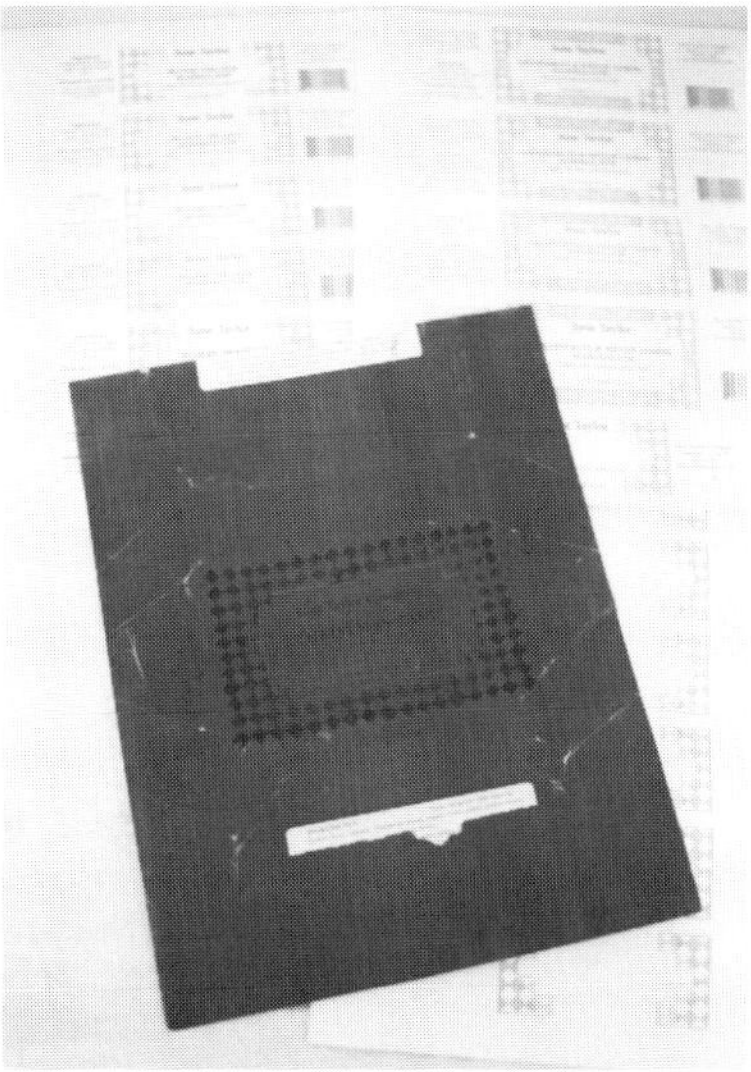

代グラノーラ。最初は中のグラノーラが見えるよう、箱に穴が開いている。「カフェ・ファニー」は二〇一二年に閉店してしまったけど、そのあともグラノーラだけはブランドを残して販売し続けているみたい。

U　「フーケ」[9]に「ベルナシオン」[10]、こちらの「ジャン＝ポール・エヴァン」[11]の小さい箱は？

F　これはモンブランだけを入れる、ケーキ箱。

U　たぶん私もどこかに、この箱の写真があると思います。ピエール・エルメ[12]が「ラデュレ」[13]に移ってすぐ、古い文献を紐解いてモンブランを復活させた時期があって。パリを一緒に旅した友人と二手に分かれて、ひとりは「エヴァン」、ひとりは「ラデュレ」でそれぞれモンブランを買って、リュクサンブール公園で落ち合って食べくらべをしました。

F　それはいい思い出ね。こちらは「ジューン・テイラー」[14]のジャム瓶に貼る前のラベル。初めて見たのは一九九六年。活版で刷られているのが衝撃的で。

U　カットする前の貴重品！　ジューンさんに取材に行ったときのものですか？

F　そう。「素敵ですね」と言ったら、ご本人がくださったの。こういう意匠は

9　FOUQUET…1852年創業のパリ1区のパティスリー

10　BERNACHON…1953年創業、リヨンに本店を構える「ビーントゥバー」の先駆けといわれるショコラトリー

11　JEAN-PAUL HÉVIN…国際コンクール優勝などの栄誉に輝く世界トップクラスのショコラトリー

12　Pierre Hermé…フランスの名パティシエ、ショコラティエ。世界各国で店舗を展開

13　LADURÉE…フランス・パリで1862年に創業した老舗パティスリー

14　June Taylor…1990年にカリフォルニア州・バークレーで開業したフルーツ菓子とプレザーヴ（保存食）を手作りで作る店（2021年終業）

ケルト風なんですって。ジューンさんはイギリスからサンフランシスコに移住した方だから。

U　「ペルベッリーニ」[15]の包装紙は、私も捨てられない。毎年取っておいちゃう。「エヴァン」もそうですが、「パネットーネ」のブラウンとネイビーの色合わせが大好きなんですよ！

F　大判のスカーフにしたいような可愛さだよね。私は背の高い「パンドーロ（イタリア・ヴェローナ発祥の発酵菓子）」が好き。真美さんもキッチンに結構箱を積んでるね。

U　夫がバレンタインに、「ラ・メゾン・デュ・ショコラ」[16]と「エヴァン」のボンボンを交互に贈ってくれるんです。それに「ホテル・ザッハー」[17]の「ザッハトルテ」の木箱など。中に細々したものを入れて活用しています。里香さんの中で、パッケージを取っておくものとそうでないものの基準は何ですか？

F　自分が食べて、美味しかったものしか取っておかない。アンティークの菓子箱とか興味ないし。美味しいお菓子は、パッケージにも必ずいいところがある。

U　だいたいパッケージ買いして外れることないですよね。包装に気を使えるところは、味もきちんとしています。

15　PERBELLINI…北イタリアのヴェローナで1900年から続く老舗洋菓子店

16　LA MAISON DU CHOCOLAT…ロベール・ランクスが1977年にパリで創業したショコラトリー

17　Hotel Sacher…1876年創業のオーストリア・ウィーンのフィルハーモニカー通りにある名ホテル

お菓子のプロデュース

U　里香さんはいろんなお店やメーカーと組まれて、お菓子のプロデュースをたくさんなさっていますよね。「チージィポッシュ」[18]はどんな風にして生まれたんですか？

F　もともとは友人である「KIGI」[19]さんのところにパッケージをリニューアルしたいという相談が来て、「味のほうも福田さんに見てもらったら」とお声掛けいただいたんです。けれど「人が作ったものを途中から口出しするのはどうかな」と思ったので、一から企画書を書いて、「オンラインのみで販売してみては？」と提案したの。

U　コロナ禍もあってお家で過ごす時間が長くなり、全国の方々も通販で手に入るのは嬉しかったと思います。

F　クライアントさんに話したのは「クッキー缶はアイドルです。そして私たちは、ソロアイドルを作ります」ということ。ペコリーノ・ロマーノの絞り出しクッキーが主役で、まわりのメレンゲはダンサーチーム。

U　うふふ。

F　例えば「山本道子の店」[20]の「マーブルクッキー」はデュオだよね。ふたりでひとつ、PUFFYみたいな。五種類入っていたらSMAP、七種類ならBTS……という風に、メンバーを揃えていくと考えたら分かりやすい。地味な子が入っていてもいいけど、できれば圧倒的センターがひとつ入っていると理想的なバランスになるかと。

18　Cheesy Poche…富山にある洋菓子工房が作る2021年にスタートしたクッキーブランド

19　KIGI…2012年にデザイナーの植原亮輔さんと渡邉良重さんが設立したクリエイティブカンパニー

20　山本道子の店…1990年にオープンした、老舗洋菓子店「村上開新堂」の姉妹店

U　チョコがかかっていたり、ジャムを挟んでいたり、花型に抜いてあるとか。

F　チーズ味はどちらかというと脇役で変わった子というイメージなんだけど、「思い切ってソロに抜擢してみよう」みたいな感じ。

U　脇役かと思う子が表舞台に出てきたら、大ヒットというパターン、ありますよね。

F　同じ生地だけれど、厚みを変えたり、焦げ色に焼いたりと、味わいが違うのは、「アイドルで出ましたけど、女優もやってます」って意味だから。

U　そんな裏設定があったとは（笑）。

F　そして箱に納まったときに綺麗そうなので、絞り出しクッキーというのは決めていて。そしてKIGIさんが選んできたあの箱にぴったり納めるという課題もあったんです。三段絞りを三枚入れたらフタが閉まらない。二段絞りを四枚入れても閉まらない。三段絞りを二枚、二段絞りを一枚でちょうど閉まった。焦げた味が好きという人もいるから。

U　厚みの違いで焼き加減を変えるのもすごいアイデアだし、あと甘いクッキーが大多数の中で、サレ味というのも新鮮でした。そして福岡「スリービーハウス」[21]の「サブレ・ウィークエンド・シトロン」のパッケージは中村さん（福田さんのパートナーでグラフィックデザイナーの中村善郎さん）が手掛けられたんですよね。里香さんから、何かデザイン面でオーダーはしたんですか？

F　「ストライプにして」というのは伝えたんです。フランスとか南欧の避暑地にあるパラソルを

21　bbb haus…福岡市にある雑貨店「スリービーポッターズ」の母体であるウィークスが運営する糸島のゲストハウス

イメージして。

U　映画で見たことあります！　確かに海辺にストライプのパラソルとか、ストライプの小さいテントがありますね。

F　それとオーナーである「スリービーポッターズ」を営んでいる石井風子さんと長坂透さん夫妻が、クッキー缶をお得意さまに渡したときや、母体の「スリービーポッターズ」に置いたときに、可愛すぎるとか素っ気なさすぎるとか、齟齬がないように。生地の固さと薄さ、クッキー型の選定、レモンフォンダンの酸味などを工夫して、イメージ通りにいったと思う。

U　あと「素敵！」と思わずにんまりしてしまったのが、缶にジャストサイズでサブレが納まっているから、一枚目が取り出しやすいよう、薄紙をかませているじゃないですか。

F　あれはやってみたかったの（笑）。昔買ったスペインの修道院のボルボロンや、閉店してしまった大津の「藤屋内匠」[22]の「大津画落雁」が、やはり取り出しやすいように薄紙をかませていて。それらをお手本にした感じです。

U　「グッドネイバーズファインフーズ」[23]とコラボしたアイスバー「ミカンド」も、登場したときは衝撃でした。あのパッケージも中村さんデザインですよね。

F　そうです。社長の中原慎一郎さんが持っても、母体の「ランドスケーププロダクツ」のインテリア店に置いてもしっくりくる、シンプルでユニセックスなデザインでとお願いしました。中原さんが鹿児島出身で、「廃業したみかん畑を譲り受けたから、みかんで何か考えてくれない？」と、話をいただいて。ただ販売する場所は、家具や雑貨を扱うお店で食品の扱いにもあまり慣れていな

22　藤屋内匠…1661年創業の滋賀・大津市の老舗和菓子店（2020年閉店）

23　GOOD NEIGHBORS' FINE FOODS…「ランドスケーププロダクツ」が手掛ける食料品店

いし……と思ったときに、アイスなら賞味期限の問題がクリアできると、提案しました。

U 家具屋や雑貨屋でアイスバーを売る。ストックや賞味期限などの難しい要因のリスクも最低限になっていて、各方面の難題をクリアした新しい雑貨的菓子ですね。

自宅で飲み物と楽しむお菓子

U 里香さんはいろんな媒体、いろんな切り口でお菓子の楽しさを私たちにご紹介してくださっていますけど、個人的なお気に入りとか、家ではどんなお茶を楽しんでいらっしゃるのかとか、案外知らないかもと思って。今日はそのあたりのお話もお伺いできれば嬉しいです。私はお茶ばかりなのですが、里香さんはコーヒーも飲まれますよね。

F うん。コーヒーはフォースウェーブの浅い煎りの豆をカフェオレにするのがいちばん好き。豆はエチオピアが好きかなあ。

U サードウェーブから、もうフォースウェーブになっているんですね。

F コーヒー豆をより果実としてとらえてる。ナッツ類も炒り具合を間違えると、ブラインドで食べたときにアーモンドかカシューナッツなのか分からなくなるでしょう。やはり浅く焼いて上手に水分を抜いたときに、「あ、これはくるみだな」と味がはっきりするところがあるじゃない。コーヒー豆もそういうところがあるのかなって。西海岸っぽい果物入りのパイやマフィン、ナッツ入りのブラウニーなんかによく合うと思ってます。

U　なるほど。紅茶はいかがですか？　私は中国茶の紅茶がすごく好きなんですが、お菓子に合わせるには質がよすぎるんですよ。ティーカップにたっぷりと飲むものではない。例外的にほどよい価格帯のキームンやラプサンスーチョンなどはありますが。質のいいお茶になるほど単体で、育った風土を味わうような繊細な世界になっていくから、油分があるお菓子に合わせるのは難しいなと。いろいろなお菓子に合わせて中国茶を選びますが、逆に油分が多いお菓子に合わせてたっぷりといただくような紅茶は、別に買うようにしています。

F　そうだね。中国紅茶はナッツとかドライフルーツとか、乾きものを合わせているようなイメージ。たっぷり飲むんだったら「キャンベルズ・パーフェクト・ティー」[24]とか、有難い。

U　油分のあるお菓子を中和させてくれる渋みとか強さがあって、ミルクティーにしてもちゃんとベージュ色になるお茶の色で。そういうのはスリランカ系の紅茶が多くなります。

F　私、インド料理屋さんの〆で出てくる、高いところから注いでくれるチャイが大好きなんだけど、家でも作ってみても、なかなかあの味にならないなあと思っていて。ところがある日、新大久保のエスニック食材店の「シディークナショナルマート」[24]で安いＣＴＣ紅茶を買ったんですよ。そしたらものすごくインド料理屋の味になって、「これだー！」と嬉しかった。

U　新大久保の〝イスラム横丁〟ですね。あのエリアを歩くの楽

24　CAMPBELL'S PERFECT TEA…1797年にアイルランド・ダブリンで食料店からスタートしたThe J&G Campbell's社の紅茶

25　Siddique NATIONAL MART…東京・新大久保にあるエスニック食材店

しいですよね。

F　同じお店で買った、西洋菓子に影響を受けた、アニスやクミンなんかが入ったインドのクッキーにすごく合うんですよ。

U　ミルクティーがお好きなのは昔からですか？

F　一緒に住んでいた祖母が好きだったから。「日東紅茶」をミルクティーにして、トーストをひたして食べていたの。紅茶には必ずたっぷり砂糖を入れていた。

U　そういえば私も小さい頃は、紅茶は砂糖を入れるものだと思っていました！　親が必ず入れていたし、シュガーポットが出てくるから。

F　やっぱりお互い九州で、シュガーロードが近かったからかなあ。

U　里香さんはご出身の大牟田で、思い入れのあるお菓子はありますか？

F　そうですね、「草木饅頭」でしょうか。白あんが入った薄皮の小さなお饅頭で、蒸したてがすごく美味しい。高校時代は茶道部だったので、高校から歩いて行ける距離の「江口栄商店」[26]に、お茶菓子として買いに行っていました。

U　九州って、蒸し菓子が多いですよね。私にとっても和菓子屋さんというのは、お饅頭屋さんでした。東京に来たら、気軽にお饅頭が買えなくて驚きました。

F　草木饅頭はすごく小さいから、親戚の集まりや社用などのお遣いとして、五十から百個入りの大箱を贈り合う文化があったんだよね。

26　江口栄商店…1914年創業、福岡・大牟田市にある和菓子店

ご近所のお菓子屋さん巡り

U　里香さんがお住まいの神楽坂は、美味しい菓子店も多いですよね。ご自分用に買われたりもしますか？

F　最近だと、北フランスのメレンゲ屋さんができたんですよ。

U　「オー・メルベイユ・ドゥ・フレッド」[27]ですよね。「メルベイユ」（北フランスの伝統メレンゲ菓子）もいいですが、ブリオッシュが気になっていたんです。いかがですか？

F　美味しいですよ。「クラミック」という名前で、ドーム状でぐるっとまわりにクープが入っている。いわゆるブリオッシュをイメージすると少し違うけど、外側がパリッと焼かれていて、バターと卵がたっぷりで。

U　私「お菓子屋のパン」と「パン屋のお菓子」が好きなんです。行ってみなきゃ。

F　もともと「メルベイユ」はクラシックな伝統菓子なんだけど、味・形状ともにアップデートしているんですよ。専用のオーブンを開発して、火の入り具合を絶妙にコントロールしているらしく、口溶けが素晴らしい。

U　あと、千代田区の名だたる洋菓子店も徒歩圏内なのですよね。

F　九段下の「洋菓子ゴンドラ」[28]も歩いて行けて、クッキー缶やパウンドケーキ缶など、やっぱりしみじみ美味しいですよね。贈り物にすると、お菓子好きには必ず喜ばれる。サービス券を集めてるから、十五枚たまったらケーキ一個と引き換えようと思っていて（笑）。そして神田淡路町の「近

27　Aux Merveilleux de Fred…東京・神楽坂に2020年にオープンしたフランス・リールに本店がある洋菓子店

28　洋菓子ゴンドラ…1933年創業、東京・九段下にある洋菓子店

29　近江屋洋菓子店…1884年創業、東京・神田淡路町にある老舗洋菓子店

江屋洋菓子店」[29]。小さいものから特大サイズまで、苺ショートのサイズがこんなに揃っているお店も珍しい。しっとりしすぎないスポンジ生地も大好きです。さっき話題になった「村上開新堂」も歩いて行けますね。

U　すべて私的に東京菓子の代表格です！　和菓子屋も、昔ながらの名店がありますよね。

F　すぐ近くに「清水」[30]という店があって、柚子餅と味噌あんの柏餅をよく買います。あと神保町の「さゝま」[31]では練り切りや「松葉最中」を買ったりしますね。

U　神保町といえば、大人気の「ドース イスピーガ」[32]って今は買えるんですか？

F　朝イチに行けば買えると思います。ショーケースの佇まいが、まず「目に美味しい」んですよ、このお店は。「リス川のそよ風」「天国のベーコン」「ハチミツとクルミのケーキ」など、どれも美味しかったです。初めて行くなら、定番的にある「卵のプリン」がおすすめです。

U　長崎出身のせいか、ポルトガル菓子にも憧れがあって、ポルトガルに旅行したときもいろいろと食べました。ああいった昔ながらの味わいを今もそのまま楽しんでいる伝統菓子って好きです。

F　あと神保町なら「きのね堂」[33]もおすすめですよ。表面に焦がしキャラメルを貼り付けたようなサブレが美味しいです。「スタイルズケイクス＆カンパニー」[34]というタルトとキッシュのお店もいい。バナナクリームタルトや、チョコバナナパイ、生フルーツのタルトなど。例えるなら、一九八〇年代のケーキ。イメージとしては「イタリアントマト」のデザートにあったようなケーキを継承して、コンテンポラリーにリノベしたような。今となっては、どこにもない味わいなんです。

U　住む場所の近隣に銘菓があるのは心強いですよね。「あの方がいらっしゃるなら、あそこのお

30　清水…昭和初期創業、東京・神楽坂の和菓子店

31　さゝま…1929年創業の東京・神保町の和菓子店

32　DOCE ESPIGA…2017年オープンの東京・神田小川町にあるポルトガル菓子店

33　kinonedo…2022年オープンの東京・神保町にある中里萌美さんが作るシンプルな焼き菓子店

34　STYLE'S CAKES & CO.…東京・神田小川町にある「タルト」と「キッシュ」がテーマのケーキ屋

菓子が到来する」という感じで贈り物が定番化すれば、まわりにお店を知ってもらえる機会も増えますし。里香さんのように「自分が買いたい」と買い続けることで、そのお店も、買い手にも歴史が重なっていくというか。

F　それと、雑誌とかインターネットで自分で調べて知ったお店も楽しいけど、友だちが昔からずっと食べていたものを「これいいよ」と教えてくれたお店は格別です。大学時代、代官山に住んでいた友だちが「私の好きなお菓子屋さん」と「シエ・リュイ」を紹介してくれたり、上野黒門町に住んでたクラスメイトの家に遊びに行ったら「昔から食べてる」と「うさぎや[35]」のどら焼きや最中の皮にその場で中身を詰めてくれる、「みつばち[36]」の小倉アイスを教えてくれたり。

U　その人の歴史や暮らしの背景込みで、好きになる。

F　そうそう。「六曜社[37]」で長年働いている「はっちゃん」こと小堺肇子さんという方がいて、京都でイベントをしたときなどに、差し入れで持ってきてくれるお菓子のセンスがいつも素晴らしいんです。例えば「くりや[38]」の「栗おはぎ」、「名月堂[39]」の「ニッキ餅」。それから「京菓子司　松楽[40]」の「京おはぎ」とか。なのに「子どもの頃からたまに松尾大社にお参りに行ってて、ついでに買ってくるんですよ〜」と、うんちくを語らない。そういうさりげない感じがね、すごくいい。ヨソさんな私にとっては、京都人の日常エピソードも、耳で消化するご馳走です。

35　うさぎや…1913年創業、東京・上野の和菓子店

36　甘味処みつばち…1909年創業、東京・湯島にある甘味処

37　六曜社…1950年創業、京都・河原町の喫茶店

38　京都 くりや…1855年創業、京都・堀川丸太町にある栗の和菓子専門店

39　京菓子處 名月堂…1950年創業、京都・宮川町の和菓子店

40　京菓子司 松楽…1968年創業、京都・嵐山にある和菓子店

6

なかしましほ

料理家・「foodmood」店主

植物性のお菓子を心底美味しいと思わせてくれた先駆者です。お菓子関連の話はもちろん、日常の些細な内容でも腑に落ちることが多く、信頼できる方。しほさんが世に出す完成品からは、そこに行き着くまでの緻密な設計と試作が垣間見える。その重厚なまでの熟考された時間が「foodmood（フードムード）」のお菓子なのだと思っています。

Shiho Nakashima

レコード会社、出版社勤務を経て、ベトナム料理店、オーガニックレストランで経験を重ねたのち、料理家に。二〇〇六年「foodmood」の名で、乳製品を使わず、菜種油で作る「ごはんのようなおやつ」の工房をスタート。現在はオンラインでお菓子の販売を行う。著書に『たのしいあんこの本』『まいにちおやつ』『みんなのおやつ』など多数。

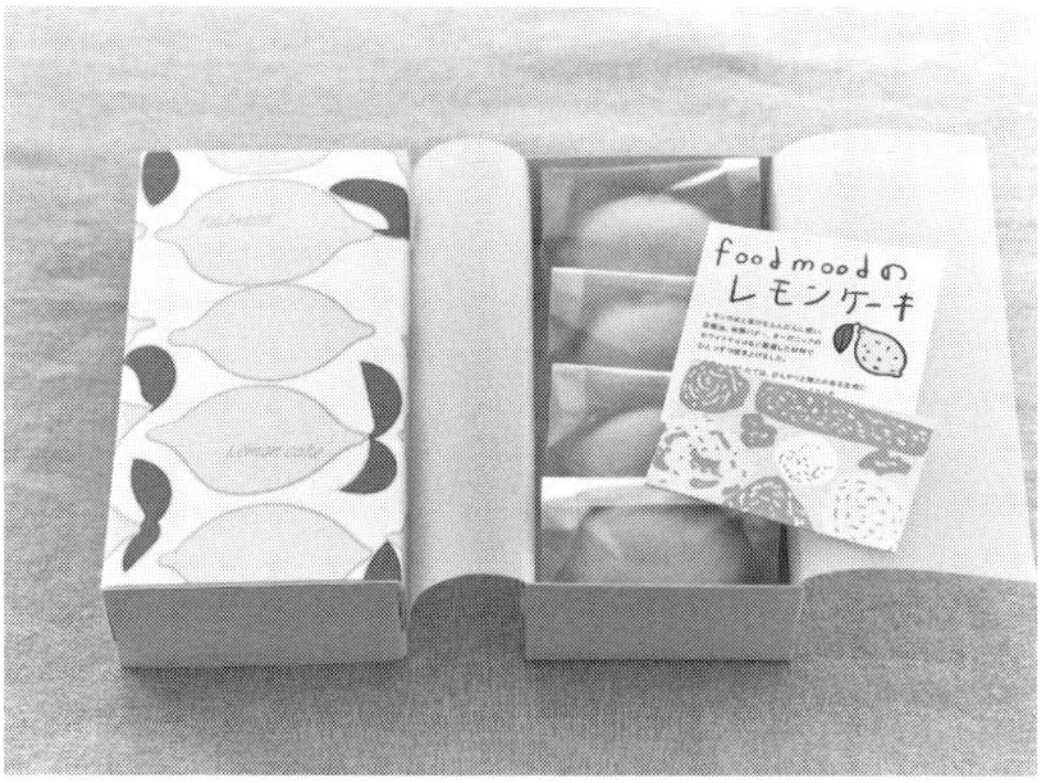

美味しく感じるお菓子のバランス

内田真美（以下U）　本日いただくのは「フードムード」の「レモンケーキ」。嬉しいな。すごく試作を重ねたと伺いましたが、なぜレモンケーキを作ろうと思ったんですか？

なかしましほ（以下N）　もともと好きなお菓子でしたが、作っているお店も多いんですよね。最近の傾向はレモン風味のアイシングをかけているところが多いんですが、うちは昔ながらのホワイトチョコ。

U　ホワイトチョコは美味しさの差が歴然と出ますよね。安価だと砂糖や油分、香料が強くなる傾向があり、ふくよかでミルキーな感じが出ない。

N　このチョコの存在が、結構大きいんです。長く愛用している「カオカ」[1]のオーガニックのホワイトチョコレート。一般的なホワイトチョコは真美さんがおっしゃるように、油分と甘みが激しいものが多いけれど、こちらはぐっと自然な加減で、お菓子と組み合わせたときにホワイトチョコだけが突出しない。粉と相性のいいチョコなんです。

U　レモンケーキというと、軽いものもあれば生地が

1　カオカ…フランスのオーガニック・フェアトレードチョコレートの会社

しっかり重たいところもありますよね。

N　お店によって本当にさまざま。ちょっと美味しいと聞けば取り寄せて、スタッフと一緒に相当な数を食べました。そのおかげで「うちが作りたいのはこういう感じ」というイメージがはっきりしてきて。夏場でも通販で売りたいので、「冷やして美味しい」という部分をメインに、レシピを考えていきました。

U　なるほど。確かにクール便ならホワイトチョコも安定しますしね。だから下の生地はだいぶふわっとされていますよね。冷蔵庫の低温で締まってもいいように。

N　そうです。さすが真美さん、分かっていただけて嬉しい。お客さまには冷蔵庫から出したてをそのまま食べてもいいし、十分ほど置くと食感が変わるので、そちらを楽しんでもいいとご案内しています。

U　子どもも大人も安心して食べられる味。グラサージュ（糖衣をかけた）のレモンケーキだと、甘みや酸味が強くて難しいお子さんもいるじゃないですか。地元の長崎に、桃の形をしたカステラ生地にすり蜜をたっぷりかけた「桃カステラ」というお菓子があるんですけれど、子どもの頃は「こんな砂糖の固まり！」って、はがして食べていましたから（笑）。

N　真美さんのお土産はザッハートルテですね。こちらはまわりが糖衣で、シャリッとしていますね。

U　青森の「シュトラウス」というお店の「ザッハートルテ」です。日本でローカライズされたザッ

ハートルテはまわりをチョコレートにしているところもありますが、正統派は糖衣です。それにチョコレートスポンジにアプリコットジャム。糖衣のしっかりした甘さ、ジャムの酸味、それに砂糖の入っていない生クリームをたっぷりつけて食べると、すごくバランスがよくて、全体が調和している。銘菓と呼ばれるお菓子は構成がしっかり考えられていて、長く作り続けられる理由が分かります。こちらのは糖衣の厚さとスポンジの軽さ、全体のバランスのよさが素敵なんです。

N　ここまでシャリッとした感じ、初めてかもしれないです。ガトーショコラみたいな感覚で食べると、まったく違いますよね。

U　糖衣のほうがスッとしているんですよね。チョコレートのほうが意外とベタつくじゃないですか。これを寒い時季に食べると、とても美味しい。以前ウィーンから「ホテル・ザッハー」の「ザッハートルテ」を取り寄せたことがあるんですが、初夏だとなかなか難しかった（笑）。でも空気が乾燥して、肌寒くなってきた秋に改めて取り寄せたら、すごく美味しく感じました。お菓子もその国の風土から生まれてきたものだから、やはり本場の気候に近い季節に食べるのがいいのでしょうね。

数を少なく、それをより美味しく

U　「フードムード」の「レモンケーキ」、さらっと食べられて、さらっとなくなる。すごく気持ちよかったです。食べ物って実物はなくなるけど、そのとき誰といたか、季節はいつだったか、その日の体調や気分はどうだったか、記憶が残るから楽しいんですよね。もう食べられないとか、旅先だったりすると、勝手に伝説化しちゃうところもあるんですけど。

N　私も「なくなるからいいなあ」と、食べ物の仕事をしています。そもそも、物にもあまりこだわりがないし、「冷蔵庫に常備菜パンパン」がとても苦手なタイプなんです。

U　一緒です。たくさんあるって重たいですよね。

N　作ったらすぐに食べ切りたいというか、空っぽのほうが気持ちいい。空っぽだからこそ、また次に向き合えると思っています。レシピも一緒で、本として出したレシピはあまり振り返らない。前の自分と今の自分が同じ好みとは限らないわけで、バージョンアップさせていきたいほうなんです。読者の方から「あのレシピのことなんですけど」と尋ねられても、自分では全然覚えていないこともあったりします（笑）。

U　分かります。年を重ねると好みも変わるし、今の自分がいちばん美味しいものを作りたいじゃないですか。そして「もっと美味しくなるはず」という気持ちが常にある。新しい材料も入ってくるし、技術もどんどん進んでくるし。かといって、流行りものを追いかけたいわけではないんですよね。

N　昔ながらのお店が、レシピを少しずつ微調整しながら、定番のお菓子を作り続けている姿にぐっときますね。うちのお店も流行りは追わないことにしていて。スタッフたちは毎日同じものを作っているから「新作をもっと出したほうがいいんじゃないか」「流行りのものを作ったほうが」と思

いたくなることもあるかもしれません。でもうちがそれをやる必要はなく、定番のものを毎日少しずつ美味しくしていくほうが大切。

U 私もレシピを提供する仕事をしていますけど、レシピってそんなにたくさん必要とは思っていないんです。特に家のお菓子は、バターケーキならひとつの基本があれば、そこに季節の果物を焼き込んだり、粉や砂糖を変えたりすればよくて、お店みたいにいろんな種類を作る必要はないと思っています。どんな場面で誰と食べて楽しむか、どんな風に季節と向き合うかなどが大事。作るのが楽しければもちろんそれ以上のことはないですけれど。

N 本を作るときも、数を求められるのが辛くて。無理に種類を増やすものではなく、数は少なくても、繰り返し何度も作ってもらえるものがあればいいのでは……と思います。

U その思想があって、この「フードムード」なんですね。

N そうなんです。お菓子の種類はどちらかというと増やしたくない。種類を少なく、個数を充分に補充して、それらをより美味しくしていく。お店にも料理家にもそれぞれ役割があって、たくさんの種類で楽しませるお店があれば、流行をいち早く提供するお店もある。うちのように、厳選したお菓子を変わらずに作り続けるお店があってもいいんじゃないかと思っているんです。

お菓子は気持ちを伝える手段

U しほさんがお菓子作りをお仕事にするようになったのは、どんな経緯だったんですか？

N　昔から「いつか自分ひとりで何かをやりたい」と思っていたのですが、お金も場所もなかったから、たまたま始めたのがお菓子の通販だったんです。もしお金があったら、ごはん屋だったかもしれない。

U　しほさんのお菓子を最初に食べたのは、確か十五年くらい前で、美味しくてびっくりしました。私はバターのお菓子はもちろん大好きなんですけど、小さい頃から遠足のおやつは自然食品店で買っていたくらい、植物性のお菓子も大好きなんです。

N　ありがとうございます。かつて卸しをしていたお店で買ってくださったんですよね。通販と卸しをひとりで三〜四年やっていて、そのあと国立に物件を見つけてお店を始めました。

U　最初のお店は線路わきの、タバコ屋さんみたいに窓をガラガラと開けて、お菓子を買うスタイルでしたよね。伺っていました。そこで何年くらい続けられたんですか？

N　四〜五年くらいですかね。

U　手狭になられて、今の場所に移転を？

N　そうなんです。このままではスタッフがしんどくなってしまう、という感じで。あとその頃イベントでシフォンサンドを出すようになっていたんですけれど、作りたてを常に提供できる場所が欲しいというのが、移転の理由だったんです。

U　シフォンサンドは劇的な登場でした。それまで添えるのが主流だった生クリームが、ケーキに切り込みを入れて挟むスタイルにしてあって、何と食べやすい。最初に食べたとき「やばい、これすぐなくなっちゃう」って、「冷静にならなきゃ」と一回お皿に置いたんですよね（笑）。いろんな

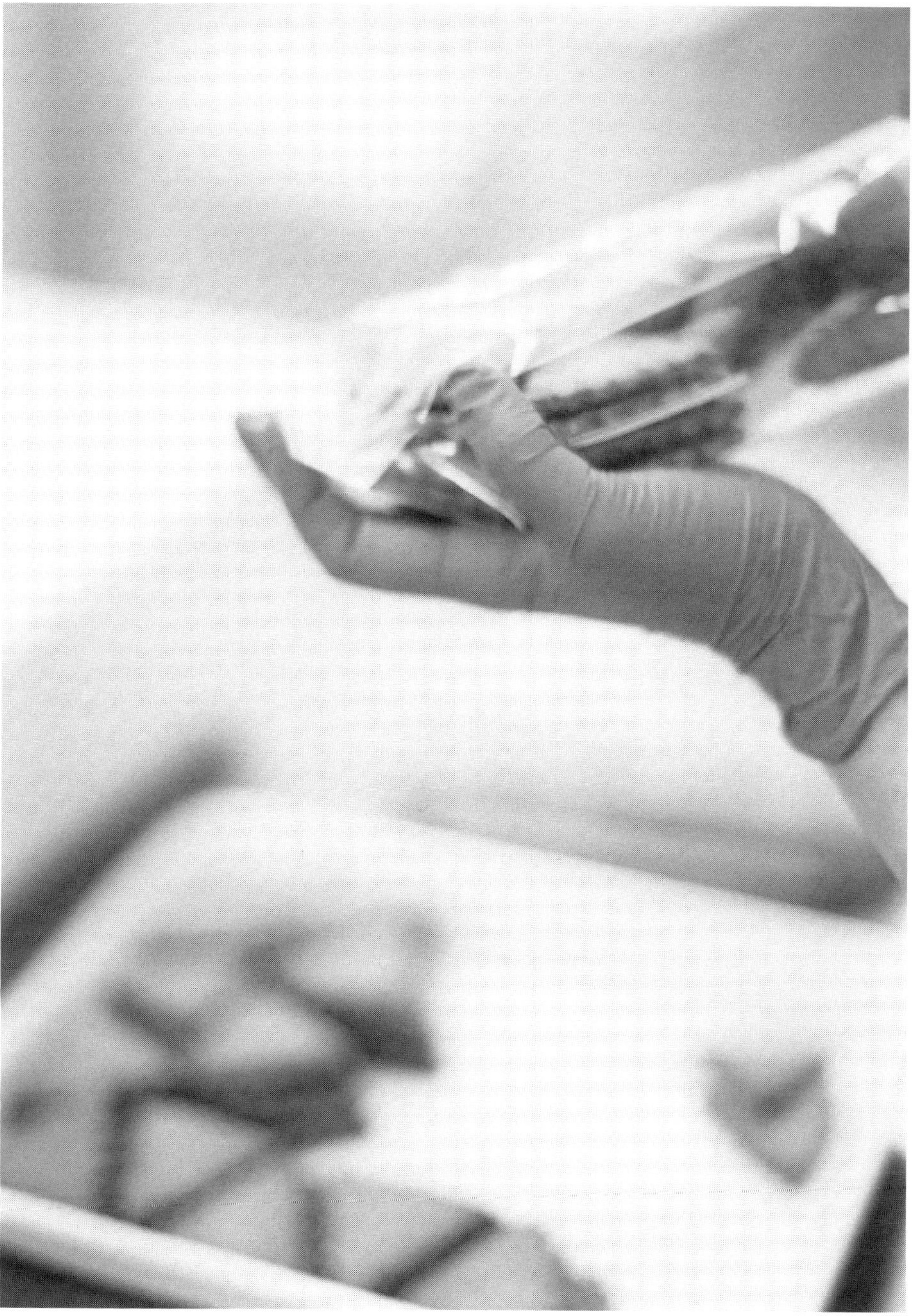

人が模倣して、今では当たり前になったけど、ここに「シフォンサンド発祥の地」と看板を出したいくらい。

N　ありがとうございます。クッキー製造だけだったら、別の場所でもよかったんですが、カフェのスペースを作りたいと思って、今の店に移りました。

U　当時からコーヒーは「コーヒーカジタ」[2]で、紅茶は「テテリア」[3]ですか？

N　はい。お願いする前にうちのお菓子をお送りして食べてもらい、それに合うようにブレンドしていただいています。

U　やっぱり総合的に、お菓子の時間を楽しんでほしいという気持ちで。

N　そうですね。みなさんがうちのお菓子を食べるのであれば、いちばん合う飲み物の提案をしたいと思いました。以前「ルヴァン」[4]の甲田幹夫さんが「パン屋は人とつながる手段」とおっしゃっていて、すごくそれがよく分かるんです。自分だけだとわりと人見知りで、人と話すのが苦手だったりするんですけれど、作ったお菓子を通じて、いろんな方に気持ちを伝えることができる。私にとってお菓子はそういう存在です。

U　お菓子を通じて、しほさんが大切にしている価値観や思想も伝わるし、何より喜んでいただけるのがいいですよね。

N　お菓子は生活必需品ではないから、「欲しい」と思う人だけが来てくれるんですよね。怒っている人はいなくて、楽しそうだったり嬉しそうだったりする人が来る。そういう仕事をやれているのは、幸せだなといつも思っています。

2　coffee KAJITA…2004年開業、愛知・名古屋市にあるコーヒー専門店。カフェを併設し、焙煎や豆の販売も行う

3　teteria…静岡・富士市を拠点に、紅茶の販売や教室をひらいている大西進さんが主宰する紅茶ブランド

4　Levain…1984年開業、東京・富ヶ谷にある甲田幹夫さんがオーナーの天然酵母パン店

U　東日本大震災が起こったとき、人は最小限の生活だけでは生きていけないんだと強く実感しました。楽しみや喜び、潤いの部分がないと、人の心は満たされない。

N　私は特に今回のコロナ禍で、そのことを感じました。でも、自粛期間が始まったとき、最初にダメージを受けたのは私たちのようなお菓子屋だったんです。政府の支援の枠から外れていて、前年の売り上げからこのくらい下がったら補助を受けられるという数値が「いやいや、そんなに下がった時点で店がつぶれるよ」というレベルで。結局最後まで補助も受けられず、お客さまもコロナが怖くて買いに来られないし、ものすごい打撃を受けました。

U　本当に大変でしたよね。でもそのあと、家で過ごすプラスαの余暇、豊かさみたいなものが、注目されて。世界中の人たちが家にこもる不思議な状況で、そうしたときに甘いものをお贈りするとすごく喜ばれましたし、私自身もお茶とお菓子で随分と救われた部分がありました。「フードムード」も早い時期に通販に切り替えられましたよね。

N　当時は世間のムード的に「お菓子屋なんてやっている場合じゃない」みたいな空気もあって、通販を始めるとき実際に「今、もっと優先することがあるのでは？」みたいなことを言われたりしたんです。でも私は経営者として、スタッフの生活と健康を守らなくてはいけなかったから、カフェを閉めて、通販に専念したんです。結果的にほとんどの人は通販をものすごく喜んでくださって、最初の頃は回線がつながらなくなるほど。二年くらい経って、ようやく落ち着いてきました。でも今は逆に、梱包材の置き場所が必要だし人手も足りなくて、カフェを開けるのが難しくなってしまっています。

U　そうですよね。カフェと通販の両立となると、作業も倍に増えてしまう。

N　カフェを再開するなら、ただでさえ少ない席数をもっと減らさなくてはいけない。それでは経営も成り立たなくて。当初の目的だったシフォンサンドも、他に出していらっしゃるお店が増えて役割を果たし終わった思いもあり、通販に専念しようと思うようになったんです。

クッキーボックスはコース料理

U　「フードムード」といえばクッキーですが、なぜ主軸にしようと思ったんですか？

N　作るのが好きだし、食べるのも好きで。でもクッキーって……仕事としてすごく大変なんですよ。割に合わないというか。

U　そうなんですよね、作るのが本当に大変。一般的な天板なら十数枚しか並べられない、「ひと箱詰めるには、何回焼けばいいの？」という感じで。袋に詰めるのも大変じゃないですか。しほさんも以前「作るの半分、パッキングが半分」とおっしゃっていましたよね。

N　スタッフは本当に大変です。でも大変なことをやる人は少ないので、だからこそ仕事になる。あと当時は、植物油でお菓子を作っている人がまだまだ少なかったんです。

U　バターではなく菜種油を選んだのは、体質的な部分と「後片付けがラク」と、どこかで読んだ記憶があるのですが。

N　私もバターのお菓子は好きですが、泡立て器についたバターを落とすのが本当に嫌いで（笑）。

そして一回焼くくらいは平気なんですけれど、一日中バターや乳製品の匂いに囲まれるとなると、ちょっと辛くて。でも植物油のクッキーは、ずっと焼いていても嫌じゃなかった。自分に無理のない素材だったから、続けていられたのが大きいです。

U　私と紗季ちゃん（平野紗季子さん）は「青のりとカシューナッツのクラッカー」の大ファンなんです。天才すぎる組み合わせですよね。それと「チョコとココナッツのドロップクッキー」が二大お気に入り。このチョコも質がいいですよね。

N　ありがとうございます。青のりのほうは、私が考えていたクラッカーをベースに、当時いたスタッフが「カシューナッツをパウダーで入れるのはどうですか？」と提案してくれて、ふたりの合作なんです。チョコのほうは、単純に私がココナッツ大好きで。チョコレートはフェアトレードの「ピープルツリー」[5]の業務用ビターチョコを使っています。

U　クラッカーは薄くて小さくて、本当に手間がかかっている。

N　麺棒で薄〜く薄く伸ばして。その分、量が作れないので、何十回とオーブンをまわして、焼いています。クッキーボックスはコース料理のように考えていて、甘いのやしょっぱいのがあり、あっさりや濃厚なのがあって、食感もガリガリ、カリカリ、サクサク……と、バリエーションを持たせるように。

U　クッキー缶やクッキーボックスは、サレ（塩味）がすごく大

5　People Tree…1995年設立のフェアトレードカンパニーが運営するエシカルブランド

事だと思っていて。

N　そうですよね。私もそう思います。

U　だいたいがチーズバトンやチーズクッキー。そこに「フードムード」は「青のり」じゃないですか。もう最高！　いい材料を使っているのに、とても買いやすいお値段に設定されていて、「原価がすごいだろうなあ」といつも思っています。

N　そうですね。価格はそのお菓子一種類の原価だけでつけるのではなく、全体のバランスを考えて決めている感じです。上がってきた原価と作るのにかかる手間を考えて、それならこのくらいの値段にしたい、でも「高いよね」と、お客さまからの目線でもう一度じっくり検討して、それから決めるようにしています。

U　自分で作ってみると分かるけど、お菓子の原価って本当に高いの！　そして時間も手間もかかる。だからいつも「有難いなあ、尊いなあ」と思って味わっています。

N　どこのお店もそんな風にして、頑張っていらっしゃるんですよね。

U　お菓子のお店はいろいろあれど、しほさんのお店は、パートナーであるグラフィックデザイナーの中島基文さんが手掛けるビジュアルのセンスも含め、登場したときから明らかに、今までと違う新しい感じがしました。それは何だったんでしょうね。

N う〜ん、何でしょうかね……。でも何か、「このお店みたいにしたい」というお手本がなかった気がします。それをしていたら「どこかと似たお店」になってしまったと思うんです。本当に自分が売りたいと思うものを、シンプルに売るということだけで。あと私は製菓学校に行ったりせず、たまたま働いていたレストランでデザートを作るところから始まっているので、「こうであるべき」というのがあんまりなかったんです。そういう自由さが、今の雰囲気につながっているのかなと思っています。

懐かしくて新しい韓国のお菓子

U コロナ禍以前は、韓国によく行かれていましたよね。きっかけは何だったんですか？

N 音楽やドラマ、映画にはまっていくうちに、住んでいる人たちが食べている料理にも興味が広がって。それまでキムチなど辛い韓国料理にはまったく興味がなかったけれど、食養生の知恵を生かした滋味深い韓国料理に開眼して、行くたびにいろいろと開拓するようになったんです。

U 韓国のお菓子への興味も、同時進行でしたか？

N 同時期です。とにかくいろんなごはん屋さん、お菓子屋さんに行っていましたね。

U 好きなお菓子を教えていただけますか。宮廷菓子はいかがでしょう。

N 宮廷菓子だと「薬菓《ヤックァ》」が好きです。小麦粉にごま油や砂糖などを混ぜて練った生地を型抜きして、油で揚げたあと蜜に漬けたお菓子。普通のスーパーなんかでも買えるんですけど、安国《アングク》駅の近くに「合《ハプ》」[6]という伝統菓子のお店があるんですが、そこのものが大好き。

U　私も大好きなお店です。洗練された雰囲気で、どのお菓子もバランスがよくて美味しいですよね。お店では、私も愛用しており、日本での個展を監修した際にもお世話になった器作家のキムサンインさんの器を使っていらっしゃいます。

N　夏はピンス（かき氷）が有名なんですが、やはりオーナーさんが作られる伝統菓子が素晴らしい。近所には有名なベーカリーカフェ「カフェ・オニオン」[7]もあって、あのあたりは散歩も楽しいエリアですよね。韓国の特徴として、ドーナツや大ぶりなデニッシュなんかを出すベーカリーカフェという形態のお店がすごく多い。

U　「オニオン」は「パンドーロ」が名物ですよね。イタリアの発酵菓子だし、「ソウルでパンドーロってどうなんだろう?」と思っていたのですが、美味しくてびっくりしました。

N　たっぷり粉糖がかかっていて。私も最初「えー?」と思いましたが、美味しかった。

U　市場系のお菓子はいかがですか?

N　生地をねじって揚げた「クァベギ」が大好きです。日本でいうツイストドーナツですね。あと有名なのは信州の「おやき」のような「ホットク」。中にチャプチェが入っていたり、黒糖が挟んであったり。どこの市場も、揚げたてを食べると、とっても美味しいです。

U　モチモチした食感で。餅粉が入っているんですよね。

N　お米文化の国なので、粉のお菓子に餅粉が入っているものが多いですよね。あと「プンオパン」

6　合（Haap）…韓国・ソウルにある伝統菓子店

7　Cafe Onion…ソウル市内に3店舗展開しているベーカリーカフェ

という、日本のたい焼きみたいな魚の形をしたおやつがあるんですが、こちらは正式にはフナらしく、これまた餅粉が入っている。小ぶりなサイズのものが五匹くらい入っていて、百円とか。

U　私、あれが好きなんですよ。くるみの形をしたお菓子。

N　「ホドゥカジャ」ですね。「ホドゥ」がくるみで、「カジャ」がお菓子。くるみの形をした人形焼きのようなお菓子で、高速のサービスエリアで売っているのが定番らしいです。屋台菓子はやっぱり冷めたものではなく、焼きたてを食べるのが本当に美味しい。

U　私は「広蔵《クァンジャン》市場《シジャン》」[8]の端っこのほうにあるお店が好きで、焼きたてを買って帰るのが大好き。最近はバターが挟まっているのがありますよね。

N　日本のあんバタ文化が韓国でもすごい勢いで広がったって、韓国の友人が言っていました。粉に食と書いて「粉食《ブンシッ》」と呼ばれる粉もの料理が、韓国は本当に多くて、人気の「トッポギ」なんかもブンシッに含まれるらしいです。子どもや学生たちも気軽に買い食いしていて、すごくいいなと思います。

U　パッピンス（かき氷）のお店だったら、どこがお好きですか？

N　さっき言った「合」も美味しいですが、チェーン店の「ミールトップ」[9]もいいですよ。韓国のあんこは、甘くないことが多いんですが、パッピンスのあんこはちゃんと甘い。

U　私も「ミールトップ」で、小豆とインジョルミ（きな粉）のかき氷を食べて、美味しかった。確かに、韓国のあんこは甘くない。こっちは「甘いもの」と思って食べるから、口にしたときにびっくりして、脳が追いつかないときがあります（笑）。

8　広蔵市場…1905年に開業した韓国・ソウル市内中心部にある巨大な市場

9　MEALTOP…1985年に韓国・江南狎鴎亭にオープンしたかき氷専門店

N　びっくりしますよね。甘くないお汁粉に、うどんが入っていたり（笑）。何度か食べ続けているうちに、「私はやっぱりあんこは甘いほうがいいなあ」と再認識できました。

U　「広蔵市場」で「ススブクミ（きび粉や餅粉が入った生地であんを包んだお菓子）」を食べたとき、「最後にはちみつシロップをかける？」と聞かれたんですが、日本のあんこの感覚でいたから最初「大丈夫です」と断ったんですよ。そしたら甘くなくてびっくり。慌てて「蜜を、蜜をくださいー！」とお願いしちゃいました。

N　夏場に食べる「コングクス（豆乳冷麺）」なんかもそうですが、韓国は食べ手に味の調節を委ねる料理が多い気がしますね。

溢れ出る「あんこ愛」

U　しほさんといえば、相当なあんこ好きでもいらっしゃいますよね。

N　餅とか皮とかいらなくて、あんこだけお皿にのせて食べてます（笑）。いや、餅や皮があってもいいんですが、最後に餅だけが残るときつくて。子どもの頃、姉はあんこが苦手だったので、利害が一致して、お互いの皮とあんこを交換したりしていました。

U　わが家も娘がそのタイプです。あんこはどういう傾向のものがお好きなんですか？

N　もともと実家がこしあん派で。祖母と母が粒あんがあまり好きではなかったらしく、今考えると本当に手間がかかっていたと思うんですが、おはぎもこしあんでした。今でも母はよく、炊いたあんこを送ってくれます。そんな環境で育った反動で、大人になって「粒あんというものは、何て美味しいんだろう」と目覚め、ひと通り粒あんを堪能したあとに、またこしあんに戻ってきました。外で食べるこしあんの魅力に。

U 私は九州だから粒あん文化だったので、東京に出てきてからこしあんに出合いました。さらしあん、こしあんの品のよさ、美しさに目覚めて、今はだいたいこしあんを選びます。

N お汁粉を食べるときいつも、「餅を抜いてほしい」と思ってます……！

U 私も小さい頃から餅や白玉に対して、有難みを感じない人間で（笑）。しほさんは京都にもよく行かれていますが、好きなお菓子はありますか？

N 関東のあんこは塩が入っていますけど、京都のあんこは入っていないことが多くて、その差を楽しみに行っている感じです。

U 私、西のあんこがすごい好きなんですよね。豆の瑞々しさを残しつつ、砂糖で味を殺さない。上生菓子も、関東は水分を結構しっかり切ってあるんですが、京都は水分が残っていて、菓子切りを入れたときにスッと入る。

N そうですね。豆の風味が残っていて。私もみっちりぎゅっと締まったあんこは得意ではないので、京都には喉ごしのいいあんこを求めて行く感じです。好きな甘味屋さんはだいたい決まっていて、そこをローテーションしたり、「京都高島屋」の地下の日替わり販売をチェックして、ホテルでゆっくり食べたり。

U そのローテーション甘味処を教えてください！

N　以前は祇園にあった「月ケ瀬」[10]というお店が、今は「髙島屋」の中に入っているんです。ここはお店の方の雰囲気がとてもよくて。味はもちろん、その感じのよさに惹かれて行ってしまうところがあります。

U　何を召し上がるんですか？

N　あんみつか、ぜんざいか……なるべくあんこの量が多いものを選びます。寒天はいいけど、求肥がいらないといつも思っていて（笑）。

U　ははは。私も求肥はいらない派です。

N　もうひとつは、出町柳で女性ふたりが営んでいらっしゃる「みつばち」[11]であんみつを。塩を入れる関東風のあんこですが、すごく美味しくて、そのあんこを味わいにお店に行く感じです。あとは哲学の道のそばに「㐂《き》み家」[12]という素晴らしいお店があったんですが、残念ながら閉店してしまって……ものすごく寂しいです。

U　同じ店をリピートされるんですね。私も毎回、同じお店でいいと思うタイプ。浅く広くではなく、できるなら好きなお店の全種類を食べたい。都内だと、どちらによく行かれますか？

N　半蔵門の「甘味おかめ」[13]ですかね。そこの「蔵王あんみつ」が大好きで。金時豆のあんこで、ソフトクリームがのっているんです。

U　私も金時豆大好き！　だから沖縄のぜんざいも大好きなんですよ。そういう場所へは、お友だちと一緒に行かれるんですか？

N　私は圧倒的にひとりで、サクッと食べてサクッと帰る喫茶スタイル。ひとりで好きなところに

10　京都甘味処 月ヶ瀬…京都・四条河原町に本店がある1926年創業の甘味処

11　みつばち…京都・出町柳の自家製あんみつの店

12　㐂み家…京都・銀閣寺にあった甘味処（2022年閉店）

13　甘味おかめ…東京・有楽町に1946年創業した甘味処

行き、好きなものを好きなように食べられる。「大人っていいな」と思う瞬間です。

U 私も基本「ひとり派」なんですよ。ボーッとしたり、食べ物に集中したいときはひとりのほうが解像度も上がるし、おしゃべりが楽しくなると、どうしても食べ物は二の次になってしまうので。

N お菓子自体もそうですが、店員さんとの会話やお店の空気感を楽しみたくて行くけれど、そういうのは長く滞在しなくても分かって、「ご馳走さま。次行こう!」と元気をもらえるんです。

U 喫茶で充電タイプですね。私は自分の中の空気の入れ換え的な、リフレッシュタイプ。

N そうそう、この国立には「甘味ゆい」[14]という名店がありました。素晴らしいあんこを炊く方なので、私はいつも容器を持って行って「あんこ何人前」と売ってもらってます。それを持ち帰って、スタッフみんなでアイスにのせたりして楽しんでいます。

U お豆腐屋さんにボウル持って買いに行く感じですね。いいですね。信頼のおける友人の偏愛する美味しいものを教えていただけるのは、本当に有難いです。

14　甘味ゆい…東京・国立にある甘味処とかき氷店

7

平野紗季子

フードエッセイスト

大いなる知識と感受性をお持ちの方。人をつなぐ力と、そこから生まれる物語を紡ぐ方。今までにない方法で人と食をつなぐ新しい媒介者だと思います。いつも独自の比喩や形容に溢れていて新鮮、かつ納得する表現が両立していて感嘆します。食べ物を前にしたときには朗らかな喜び上手、それでいて対峙する真摯な姿勢に尊敬の念を抱いています。

Sakiko Hirano

小学生から食日記をつけ続け、大学在学中に日々の食生活を綴ったブログが話題となり、フードエッセイストとしての活動を開始する。ラジオ番組「味な副音声」（J－WAVE）、菓子ブランド「ノー・レーズン・サンドイッチ」の代表を務めるなど、食を中心とした活動は多岐にわたる。著書に『生まれた時からアルデンテ』『味な店』『私は散歩とごはんが好き（犬かよ）。』など。

日常のお菓子、夢のお菓子

内田真美（以下U）　今日は紗季ちゃんに食べていただきたいお菓子をご用意しました。「田村町木村屋[1]」の「バナナケーキ」です。

平野紗季子（以下H）　何か見た目が「雪見だいふく」みたい。ふふふ。可愛いですね。

U　これはある程度の数を買って、どなたかにお贈りしたいお菓子ですよね。クレープ、カスタードクリーム、バナナ、以上。何てことない構成なんだけど、必要なものしか入っていない。手を加えようと思ったらいくらでもできるけど、あえてそれをしていない。

H　こういう「味の数、三！」みたいな食べ物が本当に好き。こういうものにこそ救われる瞬間があるんですよね。構築的でクリエイティブなお菓子も素晴らしいけど、そればっかりでも疲れてしまうというか。

U　そういうお菓子は「非日常」だと思っているんです。日常があるからこそ、非日常を輝かしく体験できる。日常のお菓子は何も考えずに、ぽや〜と美味しく口にしたい。常に五感がフル活動でなくてもいいなと。これは「日常の午後」を満たしてくれるお菓子。わが家も日常の料理は、素材を切っただけ、ゆでただけみたいなシンプルなものがとても多いんです。

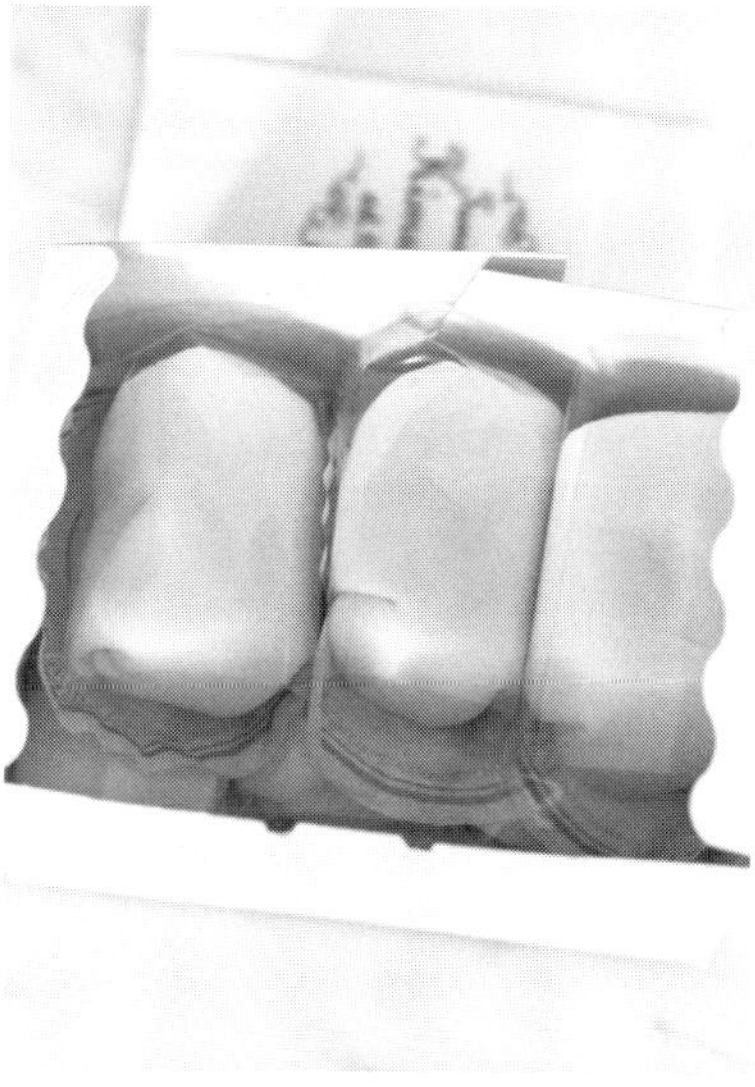

1　田村町木村屋…1900年創業の東京・新橋にある洋菓子店。パン製造をはじめ、喫茶部、洋食部門がある

H　分かります！　いい意味で自我の弱い味。向こうから寄ってこない味に癒やされます。

U　私も自分で味を探したいタイプなので、覆いかぶされるような味は苦手です。

H　生クリームじゃないからかな。いくらでも食べられるような気がしちゃう。バナナって偉大ですよね。ホントに何でこんなに、人類に都合のいい食べ物なの（笑）。

U　携帯できるし、手で皮がむけるし、皮に美味しくなったサインまで見せてくれて（笑）。子どもも大抵好きだから、有難いのよね。この「バナナケーキ」は小ぶりで、量もちょうどよくない？　二日にいっぺん頂戴したいくらい。しかも、ほどよく砂糖の甘さが効いているから、果物の甘さに頼った味ではなく、きちんと締まっている。

H　本当にノンストレスで天国ですよ〜。美味しかったです。私のほうからは、「ノー・レーズン・サンドイッチ」[2]の秋味をお持ちしました。今回は素朴です。コーヒークリームにローストしたくるみを挟んだ「クルミコーヒー」。くるみも最初は「キャラメリゼしようか」とかいろいろ考えたんですけれど、ペストリーディレクターの後藤裕一さんと「単純にじっくり素焼きしたほうが馴染むよね」と話して。「モカケーキみたいな、奇をてらわない味わいにしよう」ということになったんです。

U　いただきます。コーヒー自体はそこまで飲めないのに、不思議とコーヒー味のお菓子は好きなんだよなあ。（ひと口かじって）

2　(NO) RAISIN SANDWICH…2018年にスタートした、平野紗季子さんがプロデュースする「レーズンとそれ以外のサンド菓子」がコンセプトの洋菓子ブランド

うん、美味しい！　くるみって酸化してると、口に入ったとたん悲しみが訪れるけど、ちゃんと香ばしいし、シンプルな設計で素直な美味しさがあるのが、さすがです。

H　よかった！　うちのスタッフが毎日毎日、工房で丁寧に作っています。

U　他のレーズンサンドとくらべて、サブレ部分の空気の抱き込みが多くてサクッとしてますよね。中のクリームも軽やかだからそこに合わせて、(咀嚼の)速度を一緒くらいにしているなと感じます。

H　そうなんですよ。それをすごく意識して、後藤さんが作ってくれているんです。バターサンドはしっかり重く作るお店も多いんですが、そうでない軽やかさで、でも食べたあとに満足感があるように。こちらの狙いを、真美さんはすべてお見通しですね！

U　ふふふ。レーズンも通常より水分を含ませてすごいふっくらさせて、すごくジューシーにして速度を合わせてる。大きさもほどよいし、リッチな厚みがあるけど、重たくなくて。造形も、いつも美しいなと思って見ています。デザイナーの田部井美奈さんのパッケージデザインも素敵。購入するお菓子は、やはり美しくあるべきだと思っているので。

H　本当にそう思います。私は片付けが苦手で、自分の家とかめっちゃ散らかっているんですけれど(笑)、でもどんなに散らかった空間であっても、テーブルの上に「資生堂パーラー」のお菓子があったら、封を開けた瞬間、そこはもう銀座なんです。そう思わせるだけの強度がお菓子自身にないといけないし、パッケージも含めて魅せる力を持たなきゃいけない。夢を見せる責任を、お菓子は持っていると思うんです。

U　おっしゃる通りですね。ハレの日のお菓子は、非日常を味わいたいものね。

ガストロノミーは総合芸術

U　紗季ちゃんは世界のいろんな場所のガストロノミーやファインダイニングで食事をされていますけど、デセールとパティスリーって別ものじゃないですか。

H　全然違いますね。

U　その中で、何か注視していることってありますか？

H　ガストロノミーという領域だと、どうしてもその店のコンセプトが印象に残るかどうかが、ひとつの軸になっていますね。例えばデンマークの「ノーマ」[3]のように世界的に名を馳せているお店は、技術や美味しさはもちろんのこと、そこにしっかり思想のようなものを持っていないと、影響力を持てない時代だと思います。思想として「こういうものを作りたい」と強い思いがあって、それがデセールにもつながっている。

U　そういうお店で、どこか印象的なところはありましたか？

H　残念ながらもう閉店してしまったんですが、スウェーデン北部のイェムトランドにあった「ファビケン」[4]というレストラン。

U　お話を聞いたことあります。朝ごはんが美味しいところですよね。

H　そう、朝ごはんが美味しいオーベルジュ。ストックホルムから北に六〇〇km、「父さん、母さん、私は地の果てにいます」と言いたくなるような、公共交通機関では辿り着けない森の中にある場所なんですが、そこのデセールが衝撃でした。近所で牛を飼っているんですけれど、そのミルクに牛

3　noma…2003年にオープンしたシェフのレネ・レゼピ氏が料理長を務めるデンマーク・コペンハーゲンにある三つ星レストラン

4　Fäviken…2009年にオープンしたシェフのマグナス・ニルソン氏のスウェーデンにあるオーベルジュ（2019年閉店）

が食べた牧草の香りを移したアイスクリームだったんです。しかもものすごく古い木でできた手動のアイスクリームマシンで練ったらしくて。その日はチーズやバター、牛乳もメニューに出てきて、最後のデザートに「それらを育んできた草」という、その土地、その地域の生態系にまつわるストーリーが閉じ込められていて。

U　素晴らしい味なんだろうなあ。でもその場所で味わうからこそですよね。

H　そう。パックされて家に届いたとしても、そこまで感動することはできないと思うんですよね。ストーリーで味わうという体験の強度は、ガストロノミーならではだと思います。

U　ガストロノミーを愛しているのは、そういう体験ができるから？

H　そうですね。もともと私は、レストランは本当に夢のような、魔法の場所というイメージがあって。子どもの頃から家の蛍光灯とも違うダウンライトのフロアで、見たことのない料理が出てくるというのに、夢を抱いて生きてきたので。食体験がどこまで人の心に作用できるのか、どこまで感動を拡張できるのかということに積極的なレストランに、強い面白みと敬意を感じているんです。そういう意味では、世界のガストロノミーは、総合芸術だと思うんです。

U　もう劇場みたいなものですよね。そこにいる人たちが一丸となって、ゲストたちを喜ばせよう、楽しませようという。

H　食に従事されている方々の、人を喜ばせようという利他的なマインドは、いつも本当にすごいと思っています。

U　レストランのデセールは皿盛りならではの構築だったり、チームで作るものだったり。持ち帰るお菓子とは別ものですが、そのあたりはいかがですか。

H　すごい最先端みたいなものを好奇心旺盛に楽しむのも面白いし、超クラシックなレストランでとんでもなく甘いデセールをいただくのも楽しい。最後にミニャルディーズが山のように出てくるのも。ミニャルディーズが異常に好きなので。

U　分かります。私、一時期「ナリサワ」[5]によく行っていたんですけれど、なぜならミニャルディーズがワゴンサービスで山ほど出てきたから（笑）。

H　すごかったですよね。今は提供を終了してしまいましたが、それも仕方ないかなと思うくらい、手の込んだ小菓子が二十種類くらい……！

U　食事ももちろん素晴らしいんだけど、私にとってのメインはあそこなの！

H　たまに「デザート食べなくてもいい」という人がいるじゃないですか。でも私にとっては、デザートがないコースなんて、成仏できない生き霊みたいな。ずっと彷徨うよ！　レストランのフロアでウロウロと（笑）。

U　ふふふ。やっぱりデザートまでぬかりのないお店への信頼たるや。最後まできっちり考えられているものが出てくると、脱帽してしまいます。

H　そう考えると、「セザン」[6]のマドレーヌは本当に素晴らしかった。

U　「セザン」はシェフとパティシエの連携が本当に素晴らしくて、料理とデザートが同じくらいの緊張感で緻密なのに、見た目は普通の姿をしている。そして最後のミニャルディーズに、そのときはラベンダー風味のマドレーヌ。焼きたてであることを声高に言わないのに、びっくりしちゃい

5　NARISAWA…成澤由浩シェフが2003年に開業した東京・南青山のレストラン

6　SÉZANNE…2021年、フォーシーズンズホテル丸の内にオープンした総料理長ダニエル・カルバート氏のフレンチレストラン

ました。普通だったら「温かいうちにどうぞ」とか言うところ、触って初めて「温かい！」と分かって。バランス感覚も素晴らしくて、初めて、ラベンダー味が美味しいと感じました。

喫茶体験に求めること

U　レストラン以外で、海外で印象的だったお菓子や喫茶はありますか？

H　うーん……何だろう……。ウィーンの「ホテル・ザッハー」で本物の「ザッハートルテ」を食べたときは感動でした。本店主義というか、やはり本店で食べてみたいじゃないですか。

U　そうですよね。同じくです。

H　で、食べたときの甘さと重さの衝撃（笑）。何だろう、もう一生理解できないかもしれないみたいな、味の鈍器。

U　寒い北の国の強さがすごい表れますよね。糖度の高さ。こってりくるときの強さたるや。

H　それをショコラショーと一緒に食べるみたいな（笑）。文化的衝撃で、自分が一度壊れる感じが、ワクワクでした。私はよく「フードコスプレ」と呼んでいるんですけど、甘くて甘くて、甘すぎるものでも、三〜四口食べ続けていると、スッと馴染んでくる瞬間があったりするんです。京都の甘いお出汁のおうどんを食べたときとかでも、その四口目で、自分ではない人、その土地の人格とすり替われたような錯覚を感じる瞬間があって。あの瞬間のスリルというか、ゾクゾクするのがすごく好きなんです。

U　その土地で採れるものを使った料理やお菓子を現地の方が食べ続けていて、それが代々継承されている。そういう住民の憩いの場に紛れて、同化する感じが私もすごく好きなんです。特に喫茶は、非日常でも日常のほうに近いから。そこに入り込ませてもらっていることに、すごく感激してしまう。

H　そうそう。近づききることはできないけど、皮一枚隔てて寄り添いたいみたいな。

U　海外に行くときは、喫茶も目星をつけていきますか？

H　あらかじめいくつかは。帰ってきてから気づいて、くやしい思いをしないために、調べます。でも歩いてふらふらと、吸い込まれてしまうこともありますね。

U　そのふらふら歩きのときに、「こういうお店なら入る」という注目するポイントとかはあるんですか？

H　う〜ん、難しいですね。完全にフィーリングです。私、本当に「何でもない店」に入りたくなっちゃうんですよね。真美さんの家のご近所にも、何かちょっと不思議な喫茶店があるじゃないですか。

U　あそこ〜。この家に引っ越して十五年以上になるけれど、いまだ入る勇気がない（笑）。

H　目的のカフェがあっても、その手前にああいうお店があると、入っちゃうんですよ。そうすると大抵、暇そうなお父さんと、

座席のほうで常連さんと喋ってるお母さんがいて。メニューにはプリンとかゼリーとか、ちょっとしたデザートがのっていて……それがいいんですよ。記憶に残したくても、残せない味。

U　何かに強くこだわりがあるって感じじゃないものね。

H　そう、どこにでもあるありふれた素材で、ありふれたビジュアルで。となると、本来固有のものであるはずなのに、「この味を忘れたくない！」と思いながら口にしても、喉もと過ぎるあたりから、「一般のレモンジュースの味」になっちゃったりするんです。絶対に固有の味を記憶させないというか。

U　あはは。

H　「なぜそこまで透明化する、匿名性の高さ！」みたいな。その慎ましくて、決して私の記憶に残すことのできない、はかなさみたいなものに触れることが、何か好きなんですよね。

U　私は喫茶するときに「このお店に行きたい」と決めてしまうけど、それって何でもない、街の記憶だよね。近所に住んでいる人だけが知りうる街の記憶。

H　そうなんです。結局その味を覚えられるのは、そこに住む人たちだけなんです。

U　でも紗季ちゃんはそういうお店をあえて見つけて、言葉で紡いでいこうとするじゃない。散歩の本（『私は散歩とごはんが好き（犬かよ）。』）[7]でも、下調べで選ばないようなお店がたくさん掲載されていて。街の記憶を部外者が記録しているのが、すごく素敵だと思ったし、今、とても重要なので

7 『私は散歩とごはんが好き（犬かよ）。』…2020年、マガジンハウス刊。平野さんが散歩をしながら出会った人、もの、味、体験、などを綴ったエッセイ集

はと。

H いやいや、そんなおこがましくて。そんな大層なものではないんですけれど。

U でもどんなに愛されているお店でも、ある日突然なくなってしまったりするじゃないですか。ご近所さんたちだけの憩いの場とかにも、あえて入っていくのはどうして？ 記録を残そうとか？

H 本当はご迷惑なのに、なぜだろう。やっぱり食べ物の「消えてしまうはかなさ」、それがすべての入り口だと思うんです。今「フードエッセイスト」という肩書きがあるけれど、別にもの書きになりたかったわけではなかったんです。レストランで食事をして「何て幸せなんだろう」と思っても、次の日の朝に起きたら、お腹がすいている。全部消えていることが悲しくて。何で他の宝物と同じように、宝箱に入れておけないんだろう、食が消えものであるという運命に、何とか抗いたいという気持ちで日記をつけてきたんです。消えることのはかなさと切なさ、それが私の仕事すべての出発点なんです。

U 世界の名だたるガストロノミーから、市井の本当に何気ないお店まで。

H 同じ時代を生きないと、食べられなかったものがたくさんあると思うので。真美さんのお菓子や料理もそうですよ。出合えたことが奇跡だといつも思っています。

U　都内の菓子店はいかがですか？　紗季ちゃんはいつも、美味しいものをくださるじゃないですか。ご自分で行って食べたものをいつも。

H　はい、食べてます。というか、自分が食べていないものを贈るのって、勇気いりませんか？　いつも「この間送ったもの、大丈夫だったかな？」と心配にはなっているんです。

U　ご自身が甘いものお好きではないと、世間の評判で選んで、贈る方もいらっしゃるのでは？

H　なるほど。

U　でも人の「美味しい」はあんまり信用していない部分もあって。方向性を知っている信頼している友人なら大丈夫だけど、やっぱり味の好みは人それぞれだから。自分が知らない人が「美味しい」と言っていても、「ハテそんなものなのか？」と思っちゃうから、やっぱりなんでも行って食べてみないと。外国のお店とかは特に。

H　真美さんの台湾クレイジーブック（『私的台湾食記帖』と『私的台北好味帖』[8]）！　真美さんの本見て行って、「台湾すごいね、最高！」ってなったから、調子に乗って自分の感覚で入ってみたら、全然美味しくなかった（笑）。「ああ、真美さんは、いろんな経験を経て、本当に美味しいお店だけを抽出してくれていたんだなあ」と、その重みを感じました。

U　台湾好きだから、みんなに台湾を好きになってほしかったし、随分自腹を切ってきたから、そのあと行く人には最短距離で美味しさに辿り着いてほしいと思って。

8　『私的台湾食記帖』(2016年)『私的台北好味帖』(2017年) アノニマ・スタジオ刊。台湾の魅力にいちはやく虜になり、周囲の友人たちを“台湾落ち”させている著者による台湾の「食」ガイドブック

H　むちゃくちゃ舗装してくださっていた！　本当にありがとうございます。

U　いえいえ、活用してくださって、こちらこそありがとうございます。

H　お菓子屋さんって、入りやすいですよね。ごはんは一食しか食べられないけれど、お菓子屋は二軒あったらどっちも入れちゃう。いろんなお菓子屋さんに行くのがすごく好きで、新しいお店で面白いお菓子に出合うと、すぐ真美さんに食べてもらいたくなります。勝手に「真美さんのスキャニング」って呼んでいるんですが、すごい解像度で分析してくれて、ときにネガティブなこともきちんと言葉にしてくださるから、そこがたまらなくて。

U　うふふ。この間いただいたベルガモットのオランジェット、美味しかったですよ。

H　九品仏「アンフィニ」[9]のでしたね。季節のときだけ、ベルガモットのオランジェットを作られる。本当にすごい香りがぶわ〜っと。

U　でも人工ではないナチュラルな香りで。オレンジピールとはまったく違う、香りをまるごと飲み込み、自分が芳香するかのようなお菓子でした。本当にいろいろ知っていらっしゃるけれど、紗季ちゃんの「定番のお菓子」は何ですか？

H　いっぱいありますけど……やっぱり赤坂の「アラボンヌー」[10]の「いちごのショートケーキ」かなあ。本当に定番のケーキですけど、リッチすぎず、もの足りないこともなく、ど真ん中、王道の中の最高峰だと思っています。

U　クリスマスに二段重ねのケーキを食べるところですね。昔からの習慣なんですか？

H　いえいえ、大人になってから。以前勤めていた会社が赤坂だったんです。

9　INFINI…2020年に金井史章シェフが東京・奥沢に開業したパティスリー

10　àla bonne heure…東京・赤坂にあるタルトが有名なパティスリー

U　そうだ、赤坂でしたよね。ビルの地下に、「ウエスト」の赤坂店が入っていたという。

H　会社員時代、本当に甘いものに救っていただいて。それこそペン立ては「ウエスト」のプリンの空き容器、デスクは甘いもので結界を張っていました。仕事でとんでもないトラブルがあったとき、気づいたら財布持って「ウエスト」にいて、エクレア食べてました（笑）。店に行くまでの記憶がまったく飛んでいて、何とか自分を保つために、お菓子を役立てていたんですよね。

「快感」を食べるお菓子

U　日常的に癒やしのお菓子として食べるのは、他に何かありますか？

H　癒やされるというと、旗の台にかき氷で有名な「喫茶ベレー」[11]というお店があるんですが、そこに夏季限定の「甘すい」というデザートがあるんです。うちの工房だと、ウーバーイーツで届けてもらえて、関西で言う「ひやし飴」みたいな感じなんですけど、水羊羹がスライスで入っている。

U　すごく美味しそう！　食べてみたい〜。

H　白玉や杏、寒天なんかが薄甘いシロップに浸っているんです。「薄ら甘いお菓子選手権」の審査委員長の真美さんにはぜひ食べていただきたい！

U　（写真を見て）わあ、白きくらげが入っているところが今っぽいね。薄甘いお菓子、大好きです。

H　私、水羊羹というものが本当に好きなんですよ。「死ぬ前に食べたいものは何？」と聞かれたら、水羊羹と答えるかもしれない。「ギリギリ固体、食べると液体」という食べ物が大好き。さらに薄

11　喫茶ベレー…2019年オープンの東京・品川区にある喫茶店

ら甘い味も好きで、水羊羹はそのふたつの極限を攻めてますから。

U　日本料理屋さんの最後に、たまに本当にゆるいのが出てくるじゃないですか。あれ絶対にみんな、限界値を探していますよね。

H　あれはもう、本当にギリギリで、テーブルに出された瞬間から溶け始めているから、どうやって器に移したのか。

U　以前、紗季ちゃんに頂戴した「越後屋若狭」[12]の水羊羹もギリギリの水分量の固形化で、持ち帰り用としては限界値に近いと思いました。本当に美味しかった。他に印象的だったお店とかありますか？

H　赤坂に「松川」[13]さんという日本料理店があるんですけれど、そこの水羊羹。私が病床に伏した富豪なら、「死ぬ前にあれを、あれを病室に持ってきてくれ……」と言いたいくらい。小豆の渋み、それも含めた豆のエキスを凝縮したような羊羹もありますが、「松川」さんの羊羹は豆の味が強すぎず、すべてが調和して、清らかさのほうを楽しむ感じ。口の中でしゅっと消えていく。舌ざわりも小豆のざらざらが一切なかったです。

U　紗季ちゃんは和菓子の中でも、冷たいあんこがお

12　越後屋若狭…1740年頃創業といわれる東京・墨田区の老舗和菓子店

13　松川…2011年開業、東京・赤坂の紹介制高級和食店

好きなんですよね。

H　好きですね。私、甘さにそれほど強くないというのもあって。常温だと結構、あんこの甘さに耐えられないことも多いんです。でも冷たいあんこは、水羊羹とか小豆バーとか、甘さを感じにくくなって、私の中では食べやすくなる。

U　豆をこんなに甘くするのは、東アジアでは日本だけ顕著ですよね。他に冷たいあんこでお気に入りのお菓子はありますか？

H　福岡に「中洲ぜんざい」[14]という甘味処があって、そこの「氷しるこ」。あんこフラペチーノみたいな感じなんですよ。暑い日にすごくいいんですよ。

U　（写真を見て）わあ、長崎のミルクセーキと一緒だね。長崎ではミルクセーキをシャーベット状にして、飲むものではなく食べるものにする。九州って暑いから、冷たいもの食べないとやっていけないって感じで。ちなみに洋菓子では、何か他にもお気に入りのお菓子はありますか？

H　今思いついたのは、「パリセヴェイユ」[15]のスペシャリテ「ムッシュアルノー」というチョコレートケーキ。ご存知ですか？

U　パティシエでショコラティエのアルノー・ラエール氏に捧げたケーキ。美味しいよね。

H　もう何だろう、食感が超気持ちいいんですよね。カリカリ、じゃりじゃり、どっしゃーんみたいな。お菓子がビルならば、私はゴジラになったかのような、破壊する興奮、そこに味があくまでシンプルに広がって、うわーっと打ちのめされる感動がありました。

U　分かるなあ。私にとってのその衝撃は、「ピエール・エルメ」の「プレジュールシュクレ」（三

14　中洲ぜんざい…福岡・博多にある老舗の甘味処

15　Paris S'eveille…2003年開業の東京・自由が丘にある金子美明シェフがオーナーの人気パティスリー

種のショコラ、二種のナッツを重ねたチョコレートケーキ）や「ドゥミルフィーユ」（キャラメリゼされたパイ生地に、プラリネやクリームを挟んだミルフィーユ）かも。エルメって、新しい世界を作る組み合わせが広く知られていますが、バニラだったらバニラ、プラリネならプラリネという風に、ひとつのテーマのものをずっとレイヤーで入れていくのも得意で、単色系が好きな私にとって、すごく好みなんです。

H　快感がお菓子の形をしているみたいな。それくらい「食べることの喜び」について、ここまで追究できるのかってことを実感できるお菓子だと思います。

「幸せになりました」と言われる職業

U　紗季ちゃんはもともと文章を書く方ですが、それがどうして、経営者としてお菓子を届けるようになったんですか？

H　そもそも最初は、子どもの頃からレーズンが苦手だったんですよ。でもうちの親が「小川軒」[16]の「レイズン・ウィッチ」や「六花亭」[17]の「マルセイバターサンド」を人からいただいたりすると「本当に嬉しい！」と楽しんでいる様子に、すごく憧れがあって。レーズンが入ってないレーズンサンドがあればいいのにな、「ノー・レーズン・サンドイッチ」があればいいのにと思っていて、あるとき後藤さんに相談したら「いいね！」「やろうやろう」と部活みたいなノリで始まったんです。ときどき「PATH」や「Equal」で売らせてもらう感じでした。

16　巴裡 小川軒…1905年に洋食店「小川軒」創業ののちに、洋菓子を販売する「巴裡 小川軒」が創業

17　六花亭…1933年創業の北海道・帯広に本社がある菓子メーカー

U　そこでたくさんの方が喜んでくださったんですね。

H　「イエス」も「ノー」も、レーズンが好きな人もそうでない人も、一緒に楽しめるというコンセプトが、すごくよかったなと思って。とにかく私は、人に喜んでもらえることがすごく嬉しかったんですよね。自分が今までしてきた執筆の仕事では、「幸せな気持ちになりました！」なんてストレートに言ってもらえる機会って、ほとんどなかったから。

U　お菓子や料理って、本当に人を幸せにする力がある。

H　やっぱりお腹の中に入れて、フィジカルに作用するものだから。そういう「幸せにできる力」というもののすごさに感動して。お菓子屋さんや料理人の方々がどんなに大変でも厨房に立ち続けるのは、やはりその力の強大さがあるんだと、改めてリスペクトの気持ちが生まれました。もともと部活的な感じだったから、誰かが「もういいか」と思ったら終わりだし、みんなの善意でやれていた感じなので、営利的にもほぼ成り立たない。でもすごく素敵なお菓子になったから、「続けるためにはどうしたらいいだろう」と考えて。そうしたら会社化するしかなかったんですね。OEMという形で他の会社に作っていただく方法もあったけれど、きちんと工房を構えて、自分たちで手作りできる範囲でお届けしていくのが、いちばん誠実かなあと思って。気づいたらお菓子屋の社長になっていました（笑）。

U　スタッフも何人もいらっしゃるし、部活からのすごい飛躍ですよね。「幸せです」の声で、そこまで行けるなんて。

H　そうですね。でも動機はすべてそこかも。お菓子屋は、別にもうかるお仕事ではないですし。

U　みなさんにお菓子を届けることで、どのような効用があればいいなと思っていますか？

H　私が企画をするとき、この三つは外せないという条件があって、「美味しくて」「可愛くて」「アイデアフル」であること。先ほどの話にもありましたが、美味しさはもちろん、夢を見せるものなので、お菓子の見た目もパッケージも可愛いものであってほしい。それに加えて、誰かに話をしたくなるような、アイデアやユーモアがある。そういうものが全部満たせたものを届けることで、みんなが幸せになれる。そういう循環がつくれたら嬉しいなと思います。

U　お菓子ってそういう、アイデアをのせやすい媒体でもありますよね。

H　お菓子自体が嗜好品なので、遊びが多いのかなって。「食べ物で遊ぶな」と言われますけれど、お菓子はちょっと治外法権みたいなものを感じるところもあって。

U　「生きる」に直結していなくて、どちらかというと文化のほうに属している。でも「生きるため」だけでは、人間は生きていけないものだし、文化的な要素も含めてこそ、健やかな日常があると思っています。

H　それがあることで、魂ツヤツヤになる。魂ツヤツヤ系ですね、お菓子という存在は。

8

後藤裕一

パティシエ

驚くほどの輝かしい経歴を持ちながらも、私たちが心身ともに満たされる日常菓子を届けてくださっています。ガストロノミーで培われた確かな技術から生まれるお菓子たち、それを食せる機会があることに何よりも感謝しています。そして、後藤さんのこれからの新しい姿勢や思想の話を伺えば伺うほどに、尊敬の念が強くなるばかりです。

Yuichi Goto

大学卒業後、東京・四ツ谷の「オテル・ドゥ・ミクニ」、新宿「キュイジーヌ［s］ミッシェル・トロワグロ」を経て、フランス「トロワグロ」本店でアジア人初のシェフパティシエを務める。帰国後は二〇一五年「Bistro Rojiura」の原太一シェフとともにレストラン「PATH（パス）」をオープン。二〇一九年テイクアウト専門のパティスリー「Equal（イコール）」をオープン。

街の大福屋のような存在に

内田真美（以下U）　後藤さんのお店「Equal」は商品数をすごく絞られていますよね。置かれるお菓子を選ぶ基準は何だったのですか？　シュークリーム、チーズケーキ、苺のショートケーキと、かなりベーシックですよね。

後藤裕一（以下G）　そうですね。「誰でも知っているものを、誰も知らないものにして出したい」という思いは強かったです。

U　みなさんの日常の楽しみ、日常の喜びとしてのお菓子をお届けしたいという後藤さんの気持ちが強く伝わります。

G　取材などでよく言っていたのは、お店としては「大福屋さんみたいなカテゴリーになりたい」と考えていたんです。和菓子屋には、団子やお稲荷さんを売っているようなお店もあれば、上生菓子を作ってデパートに入るようなお店もある。でも日本のフランス菓子店だとみんな一様に「パティスリー」なんですよね。

U　どちらかというと「ハレの日」寄りになる。

G　そういう意味で「ケ」のほうのお店をやりたいなと。大福みたいに手で気軽に食べられるものといえば、シュークリームだと思いました。

U　このシュークリーム、本当に美味しい。甘みと塩気がきっちり効いていて、そこがフランス菓子らしい。私はシュー菓子が好きで、パリ・ブレストもサントノーレもルリジューズも見つけたら買う口なんですけど、この甘みと塩分がフランス菓子らしくて「さすが後藤さん！」と思いました。

G　ありがとうございます。フランスから帰ってきたとき、フランスの正統と日本らしさを組み合わせるのが自分の役割だと思って、日本の昔ながらの洋菓子屋さんのようなシュークリームを作ってみたんですが、しっくり来なくて。それから、クレーム・パティシエール（カスタードクリーム）は瑞々しい感じにしつつ、シュー生地を自分が焼いてきたフランス流にしたら、ありそうでなかった感じに仕上がりました。噛んだときに、クリームが流れ出てこないように粘度を調整しているんです。

U　クレーム・パティシエールには粉がきっちり効いていますよね。日本人は口内の唾液量の関係で、なめらかで喉ごしがよく、すっとなくなる食感と風味を好む傾向があるけれど、それが過ぎると弱い感じになってしまう。だからそれほど大きくはないけど満足感があって、くっきりと明快かつクラシックなお味がします。チーズケーキを選ばれたのはどうしてですか？

G　やっぱりチーズケーキってみんな好きじゃないですか。以前「PATH」で、二週間ごとに変わる「ツーウィークベイク」というお菓子の提案をしていたんですが、そこでも大人気でした。

U　チーズケーキはそれこそ、世界中の人が好きですよね。みんなが大好きなものを、新しいテクニックで。なぜこのやわらかさにしようと思ったんですか？

G　チーズケーキなんだから、「もっとチーズらしい食感にすればいいのに」とずっと思っていたんです。ベイクドでありながら、ブリアサヴァランみたいに、そのまま食べて美味しいフレッシュなチーズみたいな雰囲気を出したくて。

U　タルトはブリゼ（小麦粉と冷たいバターをすり混ぜ、水を加えて混ぜた生地。砂糖を加えない）ですよね。それをすごく薄く敷いて、上のやわらかなチーズの食感を損なわないように工夫されていて、さすがだなと思いました。二層にしてあるのは味のバランスで？

G　上は生クリームだけなんですよ。少しゼラチンを入れて、最後にソースみたいにかけている。中のフィリングだけ食べると、ちょっと甘いんですよ。酸味が少ないから、甘く感じる。でも上のクリームのソースとタルト生地の塩気で、すっきりとするんです。

U　最初いただいたときに、あまりのやわらかさと乳製品の風味の豊かさにびっくりしました。でもおっしゃるように乳製品のバランスを考慮した構成にしてくださっているので、最後に口の中がもたつかない。本当に素晴らしい設計だなと思います。そうそう、この間食べた「ピスタチオとプラムのタルト」も美味しかったです。ピスタチオって価格が高い素材のわりに、入れても入れても味が強くない。使い方が難しい素材じゃないですか。

G　確かに、確かに。

U　それがクレーム・ダマンド（タルトの中に敷き詰めるアーモンドクリーム）に入れるだけでなくフォ

ンダンにして、ランダムにかけてある。そうすると主役の旬のプラムも楽しめるし、ピスタチオの風味も直接的だからしっかり感じられる。全部にかけると、砂糖が口の中を覆い隠しちゃうから、あくまでランダムに。

G　そう、あれは結構「発明できた」と思ったんですよ。こちらの意図をこれだけ汲んでくれる食べ手さん、すごく有難い。真美さんはいつも、どこがどんな風に美味しかったかを解説してくれる。

U　やっぱりお菓子名に名前が入っている素材って、「きちんと味がしないと」と思うじゃないですか。「ちゃんと両方の味がする、そして美味しいー！」と、娘と感動し合ったんです。「シューソフトクリーム」も素晴らしかった。後藤さんはよく「菓子屋にしかできないことをやりたい」とおっしゃってますけど、お店で焼いたシューに、お店で調合したクリームを挟んで。

G　そうそう、洋菓子店だからこそです。

U　クレーム・パティシエールとバニラアイスだと、カスタードにカスタード味で同化するし、濃度がすこし違うからすぐに融合しない。でもソフトクリームならカスタードにミルク味が足されるし、濃度と咀嚼速度がほとんど一緒なので、口の中がすごいことになる（笑）。下のシューは四つにカットしてあって、すごく食べやすくて「何というお気遣い！」と思いました。

G　それはレストランの経験のたまものですね。あくまで食べやすく。

U　ちなみにご近所のお子さんには、ソフトクリームは百円で。後藤さんの「街の菓子屋でありたい」という思い、コミュニティの中での役割も担っていらっしゃっていて、地域の住人の方々も本当に嬉しいと思います。

ひたすらお菓子を作り続ける

U　後藤さんは大学を卒業されてから、お菓子の道に入られたんですよね。

G　四年制大学の法学部に通っていました。でも、手に職をつけたいという感覚がずっとあって、大学二年生の頃から「オテル・ドゥ・ミクニ」[1]でアルバイトしていたんです。「このまま就職活動をしてもいいのかな？」とモヤモヤしているときに、当時「ミクニ」のシェフパティシエをされていた、「エーグルドゥース」[2]の寺井（則彦）さんに相談したら、「大学に通っているのに、わざわざこういう職業につく必要はない。やめておけ」と心配して言ってくださって。そう言われると、逆に奮起してやりたくなるタイプなので、大学四年生のときに、週一回試用期間として研修に行かせてもらっていたんです。そのまま就職して、入社しました。

U　大きなお店だから、いろんな部署がありますよね。最初からレストランですか？

G　最初はブティック。テイクアウトのケーキ部門のいちばん下っ端でした。当時は、運転免許を持っているからと、デパートへの配送に行かされちゃうんですよ。だから朝早く行って仕上げの準備をして、配送から戻ってこれたら仕込みをさせてもらえて、仕事のあとは家に帰らずに練習。僕はスタートが遅かったので、年下の先輩がいるわけです。だから寝ずに、ひたすら練習、練習。

U　やはり「どれだけ焼いたか」も、とても大事なことですよね。

G　一年ブティックにいて、そのあとレストランに。そこで二年目のとき、ちょうど先輩方が辞められる時期が重なって、僕が責任者になったんです。

1　HÔTEL DE MIKUNI…1985年に東京・四谷に開業した、三國清三シェフのフレンチレストラン（2022年閉店）

2　AIGRE DOUCE…2004年に開業した、東京・目白にある寺井則彦シェフのフランス菓子店

U　すごい、エリートコースですね。早くにア・ラ・ミニッツのデセール（ア・ラ・ミニッツは「できたて」の意。ここではコースの最後のデザートを指す）に移られたんですね。そこから「トロワグロ」[3]に？

G　その前に一度、今はもうないんですが、広島にあった「ミクニ」に行ったんですよ。「お前、広島行くか」と言われて、自分もステップアップというか、挑戦できると思って。そこではカフェのデザートを作る、テイクアウトのお菓子も焼く、ガストロノミーのア・ラ・ミニッツも考えるという、記憶が飛ぶくらいの修羅場をくぐり抜けました。

U　修羅場……すごそうですね。二十五、二十六歳頃といえば、体力があるし。

G　当時店を運営されていた社長が、飲食畑の方ではなかったので、「こういうのできないかな？」といい意味で無茶ぶりをしてくるんですよ。無茶ぶりされて、作るの繰り返し。でも作るとやっぱり喜ばれるんですよね。それが二年続いたんですが、本当にクリエーションと「レシピを作ること」の場数を踏ませてもらった、いい経験になりました。

U　そこでいろいろ経験されて、ア・ラ・ミニッツの世界に行きたいと思われたのですか？

G　そのときはまだ、レストランをやるかお菓子屋になるか、決心がついていなかったんです。その後紹介されたのが、新宿の「トロワグロ」だったんです。ちょうどそのとき、ビザの関係でフランス人のパティシエが来日できるかどうかが分からないタイミングだったらしく、面接で「彼が来たら、スーシェフを」「来なかったらシェフを」と言われたんです。前者だったらクリエーションはできないから、「もしスーシェフの場合は一年間頑張りますから、認めてもらえたなら、フランスの本店を紹介してほしい」と伝えたんです。

3　Troisgros…1930年創業。フランス・ロアンヌにある50年以上三つ星を獲得する世界的なレストラン（2017年にフランス・ウーシュに移転）

U　何と！　きちんと意思を伝えていたんですね。

G　結局フランスからシェフはやって来たから、その下で頑張って。「約束を守ってくれるのかなぁ」と思っていましたが、ちゃんと一年くらい経ったときに「まだ行く意思はあるか？」と確認してくれたんです。

U　フランス語は大丈夫だったんですか？

G　それまでもフランス人と仕事はしていたし、料理の名前もある程度分かっていたから、『これで完璧フランス語』みたいな本を一冊読んで、「まあ大丈夫だろう」と。でも実際に行ってみたら、まったく通じなくて驚きました（笑）。

U　ははは。現地だとやっぱり早口ですよね。それでも、いきなり働き始める。

G　そう、いきなり。いちばん下っ端の、掃除とかから。

U　それでもそこからトップに行くんですよね。

G　そうですね。三カ月でなりました。

U　本当にすごい。言葉ができないとなると、作ったものを見せるだけしかないでしょう？

G　それはもう、シェフのミッシェル・トロワグロの器の大きさです。彼のこと、今でもフランスの親父だと思っているんですが、言葉もろくに喋れない男にそんなポジションを任せるなんて。ある程度は、僕が日本でどんな仕事をしてきたかを聞いてはいたらしいんですけれど、その点は本当に感謝しかありません。

ガストロノミーの世界

U レストランはまずシェフの方がいて、デザートを作る人はまるっきり違う人間なのに、料理の流れをつないでシェフの思想を表現しなきゃいけないですよね。ときには、シェフの性格的な部分までも。

G そうですね。

U 料理で表現されていた世界が、あたかも同じ人が作ったかのようにデザートまでつながっていると、私すごくびっくりして、感激してしまうんです。レストランという枠組みの中で、後藤さんの仕事の喜びはどういう部分でしたか？

G 今思い返してみると、調理場で料理人の方々と一緒にいられるということが、すごく好きでしたね。あの熱狂の場にいられることが。自分のクリエーション云々より、そういう場で仕事ができていることが嬉しかったです。

U チーム一丸となって、お客さまが喜ぶ場を作っていく。エンターテイナーですね！

G そうですね。今考えると、「ミクニ」でも「トロワグロ」でも、僕自身が活躍するということを全然考えていなかった。「ミクニ」が褒められると嬉しいとか、「トロワグロ」が評価されることが誇らしいとか。

U いい話すぎる。後藤さんは「PATH」と「Equal」以外にも、いろんな企業と組まれてコンサルティングのお仕事もたくさんされていますよね。それができるのは、そういうチームで働いて、望まれるものを提出してきた経験があるからでしょうか？

G　そうですね。得意なんです。お菓子というジャンルで思いつくことはたくさんあって、でも「これは自分の店では難しいな」と思うことはコンサルティングのほうでやらせてもらえばいいし、逆に「これは僕自身がやったほうが面白い」となることもある。

U　シェフによっては「爪痕を残す！」というタイプもいらっしゃると思いますが。

G　僕はあまりそういうタイプではなくて、やっぱりあくまでレストランは料理が主役。でも最後のデザートで「おっ」と思ってもらえたらすごく嬉しい。

U　食事の最後なので、記憶が残りやすいですよね。その日の印象を決めるところもある。

G　そういうのって、仕事人やスペシャリストっぽくっていいじゃないですか。

U　後藤さんのそういうところ、すごく素敵ですし、興味深いです。職人気質であるし、かつエンターテインメントを作る一員であることを自負なさっているところも本当に尊敬しています。そのエンターテインメントであり文化であり、歴史でもあるグランメゾンですが、フランスにおける「トロワグロ」の地位って、すごいんでしょうね。

G　やっぱりフランスは、料理人やパティシエの地位や格が、日本とは違うと思います。僕が働いていた頃の「トロワグロ」はフランス中央部のロアンヌという街にあったんですが、駅前のロータリーにはフォークのオブジェが立っていて、住所もトロワグロ。

U　だってこんな極東のアジア人でも、知っていますから。文化として認められている。

G 日本の感覚でいうと、歌舞伎役者さんみたいな感じなのかな。歴史にも組み込まれていて、尊敬のされ方が近いかもしれない。

U トロワグロ家は世襲制でもありますしね。休日はどんな感じだったんですか？

G きっちり週休二日制。そこで初めて、ゆっくりした休みに出合いましたね。

U 私はものを作る人はまず、自分自身が普段の生活を豊かに生きて、その上に仕事があってほしいと思うんです。それを実現できる社会システムは必要だと思います。

G まったくその通りだと思います。やっぱり「自分の人生」という土台の上に仕事がある。でもね、フランス人は働くときは本当に朝から晩まで、働きますよ。メリハリがある。

U 働くときと、人生を楽しむときと、両方あるんですね。地方にあるグランメゾンというと、その土地の畜産物や季節ごとの作物を大事にしている印象がありますが、その点はいかがでしたか？

G 当たり前に、ナチュラルにやってるからこそ、あえて声高には言ってない感じでした。街では週二回マルシェが立つので、その日の朝は必ず買い出しに行ってから出勤して。

U その他はシェフのお眼鏡にかなった出入りの業者さんから？

G そうですね。でもすごくゆるいというか、地元の気のいいおっちゃんばっかりみたいな。セップ茸とかは、おばちゃんが採ってくるやつを毎年買っていて。

U 日本の山菜とかと同じですね（笑）。山の持ち主のおばあさんが持ってくる。

G そうですね。それがすごく真っ当で、僕の根底になっているんですけど、どこどこの有名な食材だから使うってよりは、自分が信頼する人のものを。市販の食材も使いますし、要は「変なものを使わないように、ちゃんとする」ということに気を遣います。

フランスの思い出のお菓子

U　フランスに滞在しているとき、何か思い出のお菓子はありましたか？

G　ロアンヌでお菓子といえば、「プラリュ」[4]というチョコレート屋さんがあって、そこの「プラリュリン」。ピンク色に糖衣がけされたナッツ「プラリネルージュ」が練り込んであるブリオッシュで、すごく甘いけど、まさにグルマンディーズ（ご馳走）。日曜日に人が集まるようなときには、必ず買っていくようなお菓子です。ブリオッシュといえど、しっとり硬くて、パウンドケーキやシュトーレンのようにちょっと詰まった生地でした。

U　一般的なブリオッシュにじゃきじゃきしたプラリネだと、食感が合わないのではと思ったら、みっちりしているんですね。

G　表面だけでなく中にも混ぜ込んでいるので、そのプラリネルージュの糖衣の部分が若干溶けたのが美味しくて。

U　最高ですね。そういうの大好きです。ちなみにパリでは何かありましたか？

G　僕がいた頃のパリはちょうど「ビストロノミー」（ビストロ的な食堂の気安さと、ガストロノミー的な美食の技と吟味された食材を併せ持つ店のこと）なんて言葉が出てきた時期で、オデオンの「ル・コントワール」という ビストロの隣にある「ラヴァン・コントワール」[5]というお店がお気に入りで。

4　Pralus…1948年創業。フランス・ロアンヌに本店がある、ショコラティエのフランソワ・プラリュ氏のブティック

5　L'Avant Comptoir…フランス・オデオン駅の近くにある立ち飲みのタパスバー

小さいお店なんですけど、出窓がついていて、そこでクレープとか、ワッフルをテイクアウトできるんですよ。それがすごく美味しかったですねえ。

U　美味しそう！　でもそれって今の後藤さんがなさっていることとだいぶ似てますね。レストランのデセールはどうですか？

G　ガストロノミーでは、印象に残っているデザートがあまりないんですよ。

U　格好いい！

G　いやいや、「自分のほうが美味しい」とかそういう意味ではなくて、パティシエ目線で技術者として見てしまうので、勉強なんですよ。そのときはやっぱり、楽しんで食べる感じではなくなってます。

U　私も研究心でお菓子の断面とか見るのは好き。でも何となく分かる気がします。だからこそ、そういった素朴なお菓子たちに惹かれたんでしょうかね。

G　憧れましたね。僕らは何層も何層も手間をかけて、やっとひと皿を作る。でもこの人たちは、生地だけ混ぜて焼いて、超美味いもん作るじゃないですか。うらやましくて。最後の年のバカンスには、ノルマンディのパン屋で研修させてもらったんです。薪窯があってその火の焚き方を見せてもらったり、前日から仕込んでいたオーバーナイトの生地を朝四時から焼いたり。

U　私も憧れの土地です、ノルマンディ。お眼鏡にかなうお菓子は何かありましたか？

G　そこで食べたクイニーアマンが最高でした。僕らが知っているクイニーアマンって、有名パティスリーで出されているような、型に入れてきっちり綺麗に焼いて、ひっくり返すと飴がガリガリしていて……というイメージでしょう。でもそこは本当にクロワッサン生地に砂糖を挟んで焼くだけの、すごく素朴なものだったんです。それまで知っていたものとはかけ離れていたけど、「何だ、美味しいものって、これでいいんじゃん」と腑に落ちたんです。

U　ブルターニュの地方菓子をこれだけ知らしめたのは、ピエール・エルメの功績ですよね。エルメが都会的に洗練させた。あんなにカラフルで綺麗なマカロンやボルドーの地方菓子だったカヌレをこれだけ食べられるようになったのも、彼のおかげですよね。

G　それまでお菓子作りで感じてきた、手の掛け方や時間の掛け方に関する疑問が、ちょっとすっきりしたというか。「こうでなければ」というものに縛られるのではなく、もっと自由で大らかであっていいというのが、フランスで感じられたというか。

U　ふふふ。私もパン屋さんのお菓子が大好きなんですよ。気負いなく普遍的に美味しいものを、普通に出してくる。「ポワラーヌ」[6]のクッキーって全員大好きじゃないですか。ガストロノミーのデザートと、日常に沿うお菓子。後藤さんのバックボーンが何となく分かってきました。

人と食べるお菓子、ひとりで食べるお菓子

U 後藤さんはプライベートでは、どんなお菓子を召し上がるのですか？

G 僕、和菓子が好きなんですよ。

U 意外〜！　あんこがお好きなんですか？

G そうですね。あんこ好きなのと、ああいう「引き算の食べ物」に憧れるところがあって。

U 引いて引いて、もう必要な部分だけ残して、それをみんなが愛して食べているという。

G 自分のアイデンティティとして、「日本人だなあ」と感じられるじゃないですか。なんて、そこまで深くは毎回考えてないですけど、味とか香りとかだけでなく、あの「喉で食べる」感じとか。

U 和菓子は水分量が洋菓子にくらべてそう多くはないと思うので、舌だけでなく、喉でも味わうようになる。あとにお茶をいただくというのがもともとの味わい方ですよね。ちなみに和菓子を買いに行くならどちらに？

G 僕の友人がみんな大好きな富ヶ谷の「岬屋」ですね。

U ご近所に最高峰があるのが、うらやましい！

G 「岬屋」と出合えて、自分がパッと買いに行ける和菓子は、もう「ここでいい」と思えたから、

6　Poilâne…1932年創業。ピエール・ポワラーヌ氏がフランス・パリ6区に開業した、焼き菓子も人気のブーランジェリー

決まり。「黄味時雨」や水羊羹が好きです。

U　お茶事のお菓子はもちろん、みなさんが日常的に召し上がるような季節のお菓子をいろいろ出してくださっていて、有難いですよね。洋菓子だったら？

G　あえて買いに行くなら、「リリエンベルグ」[7]と「エーグルドゥース」です。

U　「リリエンベルグ」！　私、長く作り続けられているお菓子に敬意を持っているので、ウィーン菓子が大好きなんですよ。ただ、いかんせんウィーン菓子店の数が少なくて、地道に全国の中欧菓子のお店を調べているんですが、なぜか神奈川県に集中している。調べてみると、修業先の多くが「リリエンベルグ」なんですよ。

G　そうなんですね。素材にこだわりながら、あれだけの人数を揃えたチームで、ちゃんとした数を作って。あの総合力は本当に素晴らしいと思います。僕は「行列をつくるお菓子」ではなく、「売り切れにならないお菓子」を作りたいんです。理想は、美味しいと思ってもらえるものを、際限なく作り得るようなチーム。働いている子たちのことを考えると、現実はやっぱり売り切れ御免になってしまうんですけど、そういう点で、本当に見習いたいお店だと思っています。

U　こちらでは何がお好きなんですか？

G　若いときに「カーディナルシュニッテン」（オーストリアで親しまれている菓子。メレンゲと卵黄の生地を交互に絞ったふんわり軽い生地で、コーヒー風味のクリームやベリーをサンドする）を食べて、むちゃくちゃ感動しました。僕が仕事を始めたときは、フランス菓子って「濃くてナンボ」みたいな時代だったんですよ。それがあれをひと口食べたとたん、ふわっと風が吹いたというか。

7　Lilien Berg…1988年開業。横溝春雄シェフの神奈川・川崎市にあるウィーン菓子店

U　軽いですものね。あれも伝統菓子なんですよね。メレンゲと卵黄の生地が交互になって、カトリックの枢機卿（カーディナル）の服を模したといわれている。

G　こんなに軽くて、こんなに美味しいんだと、結構衝撃だったんです。

U　そして「エーグルドゥース」。ご近所だからというわけではないですけれど、私も大好きなんですよ。いろいろ美味しいけど、近年の焼成時に押してガリッとさせたパイではない、空気を含んだサクサクの「ミルフィーユ」が本当に美味しい。あの層の間にバターの空気があるんですよね。

G　僕と真美さん、本当に好きなものが一緒ですね。

U　焼き加減もちょうどいいんですよ。最近は焼きの香ばしさが好まれることも多いけど、行き過ぎるとせっかくの美味しいバターの風味が感じにくくなって単調になる。

G　分かります。やっぱり寺井さんはレストランでデザートもやっていらしたから、火入れの仕方等がすごく繊細。菓子だけにとどまらず、料理全般に対する造詣の深さを感じます。

U　以前「ガレット・デ・ロワ」を購入したとき、こんなに綺麗で美味しくて、隅々まで手がかかったものをほんの数千円で買うことができるなんて、切るたびに「有難い、有難い」と思っていました。

G　僕も見た目の「美味しそう感」を大事にしているんですけど、食べるものが美しく、いかにちゃんと美味しそうに見せるかという部分は、完全に寺井さんから学んだことです。

U　あの細長いパウンドケーキを考案したのも寺井さんですものね。一世を風靡した。

G　フランスでも一世風靡しちゃいましたよ。向こうにも、それまであいう形状のものはなかったんですよ。

U　ええ！　それは本当にすごいことですね。これからも寺井さんのお菓子のファンです。ちなみに後藤さんは普段、お茶しに行くお店とかってあるんですか？

G　家族とはよく、駒場東大前の「グラットブラウン」[8]というお店に行って、甘いものも必ず食べます。そこのお菓子は何だろうな……すごくリラックスしているんだけど、芯が通ってる。けれど、エゴは感じない。

U　分かる感じがします。私も権威主義的なお菓子は少し引いてしまうんですよね。それよりも、お菓子自体は何気なくても、「自分はこれが好きなんです」というのが素直に出ていて、それを信じられるような佇まいのほうが信頼感を持てる。いいお店なんですね。後藤さんにとって、甘いものの効用は、どんなことがありますか？

G　そうですね、何かこう……勉強のためじゃなくて、本当に甘いものを食べたくて食べているときは、結構「素」に戻る。ふっと我に返るみたいな。

U　自分の時間になりますよね。私は甘いものを食べるのは「自由と孤独」を味わっているのとセットなんですよ。

G　孤独なの？

U　甘いものを食べる時間は、仕事や家事から離れることができるし、外で食べるときも、「確固たる孤独」が訪れる瞬間があって、それも好きなんですよ。実家が地方でお店をやっていて、街に出ると「内田さんとこのお子さんね」という環境で育ったから、都会に出てきて「自分はひとり」という状況を享受できるのが、本当に嬉しかったんです。そしてひとりだからこそ、甘いものへの

8　GRATBROWN Roast and Bake…2017年にオープンした、東京・駒場にある自家焙煎コーヒー＆自家製焼菓子店

解像度も上がる。

G そういう意味でいうと、僕がお菓子を食べたくて食べているときは、必ず誰かと一緒ですね。さっきの「人生という土台があってこそ」の話に通じるかと思いますが、お店や仕事のことから、いい意味で離れられている。人生を楽しむ部分で食べているから、わざと解像度は上げていないかもしれない。人といる場とか、生きる実感を持つために食べている。

U その違いが面白いですね。私にとってお菓子は、買うのも食べるのも幸福感をもたらし、人生の密度を上げてくれるもの。その象徴であると思っています。

P. 38

POPPY COFFE and BAKERYの「パッションフルーツのキャラメルサンドクッキー」

1個320円
東京都世田谷区弦巻2-8-17
TEL：03-6413-0208
Instagram：@poppy_tsurumaki
＊季節商品

P. 53

SAVEURの「ガトー・オ・ブール」

φ15センチ　2,052円
東京都大田区田園調布2-51-1
TEL：03-5483-0071
https://saveurbonjour.com/

P. 53

和三盆のガトー・ブルトン

基本の「ガトー・ブルトン」の作り方→『私の家庭菓子』の126ページ

P. 69

cimaiの「黒糖くるみパン」

1本　980円
埼玉県幸手市幸手2058-1-2
TEL：0480-44-2576
http://www.cimai.info/

P. 111

Stefano Annaの「クッキー詰め合わせ」

（大）2,150円
東京都武蔵野市吉祥寺南町2-36-4
TEL：0422-43-1168
https://www.stefanoanna.jp/

P. 18

祐布子さんのシフォンケーキ

mitosayaで放し飼いしている鶏の卵を使用した山本祐布子さんのお手製ケーキ（非売）
クリームに入れたブランデーやハーブティーは「mitosaya」で販売

mitosaya薬草園蒸留所
千葉県夷隅郡大多喜町大多喜486
TEL：0470-64-6041
https://mitosaya.com/

P. 18

プルーンシナモンレイヤーケーキ

作り方→『私の家庭菓子』の64ページ

P. 35

スコーン

作り方→『私の家庭菓子』の10ページ

P. 37

関山米穀店の「タルタ・デ・ケソ」

φ12センチ　2,200円
東京都千代田区神田小川町3-9
AS ONE神田小川町ビル1F
TEL：03-5244-5446
Instagram：@sekiyama_beikokuten

P. 154

(NO) RAISIN SANDWICH

6個入り　2,500円
問合せ：info@noraisinsandwich.com
https://noraisinsandwich.com/
Instagram：@noraisinsandwich
＊オンライン販売のみ
＊本書に登場する「クルミコーヒー」は
2022AWの季節商品

P. 176

Equalの
「シュークリーム」

1個　300円

「チーズケーキ」

1個　650円

東京都渋谷区西原2-26-16
TEL：03-6407-0885
Instagram：@equal_pastryshop
https://equaltokyo.stores.jp/

※本書のデータは2023年4月現在のものです
※商品の価格は税込み表記、送料などは含みません
※営業時間や定休日、ご購入方法などは
ご確認をお願いいたします

P. 112

シュトラウスの
「アップフェルシュトゥルーデル」

2,600円
青森県青森市新町1-13-21
TEL：017-722-1661
http://www.strauss.jp/

P. 114

菊壽堂義信の「梅干し」

10個入り　2,700円
大阪府大阪市中央区高麗橋2-3-1
TEL：06-6231-3814

P. 131

foodmoodの「レモンケーキ」

4個入り　1,566円
https://foodmoodshop.com/
＊オンライン販売のみ
＊不定期商品

P. 132

シュトラウスの「ザッハートルテ」

4号（φ12センチ）　3,300円
青森県青森市新町1-13-21
TEL：017-722-1661
http://www.strauss.jp/

P. 153

田村町木村屋の「バナナケーキ」

1個　302円
東京都港区新橋1-18-19
キムラヤ大塚ビル1階
TEL：03-3591-1701
http://www.kimuraya1900.co.jp

内田真美

Mami Uchida

料理研究家。長崎県生まれ。書籍や雑誌、広告など、幅広いシーンでレシピを提案する。著書に『洋風料理　私のルール』、『私の家庭菓子』、『私的台湾食記帖』、『私的台北好味帖』（すべてアノニマ・スタジオ）、『高加水生地の粉ものレッスン』（KADOKAWA）などがある。

私的甘もの放談

2023年6月4日　初版第1刷発行

著者　内田真美

発行人　前田哲次
編集人　谷口博文

アノニマ・スタジオ
〒111-0051 東京都台東区蔵前2-14-14 2F
TEL 03-669-1064
FAX 03-6699-1070

発行　KTC中央出版
〒111-0051 東京都台東区蔵前2-14-14 2F

印刷・製本　シナノ書籍印刷株式会社

ISBN978-4-87758-849-6 C0095

アノニマ・スタジオは、
風や光のささやきに耳をすまし、
暮らしの中の小さな発見を大切にひろい集め、
日々ささやかなよろこびを見つける人と一緒に
本を作ってゆくスタジオです。
遠くに住む友人から届いた手紙のように、
何度も手にとって読みかえしたくなる本、
その本があるだけで、
自分の部屋があたたかく輝いて思えるような本を。

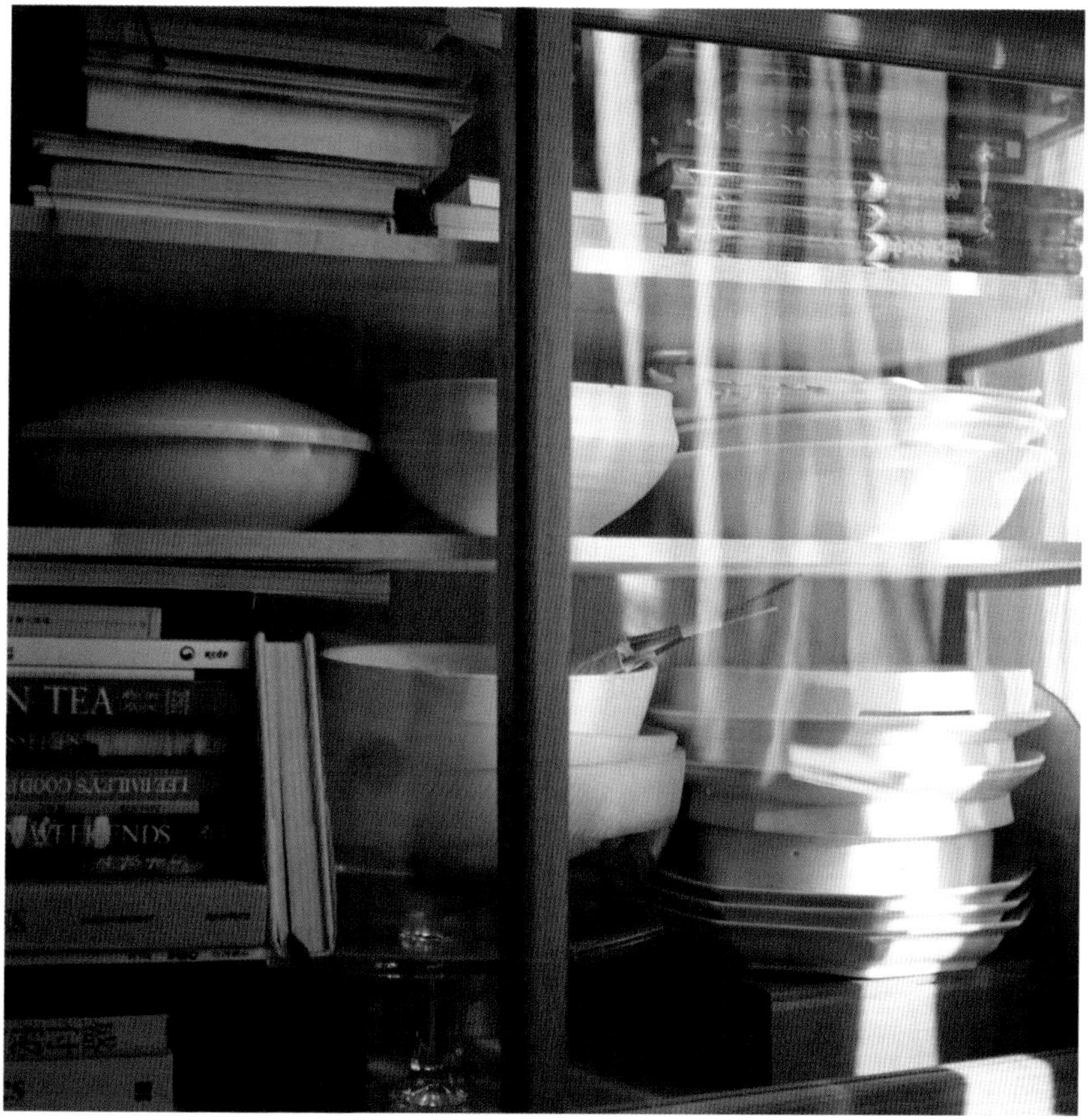

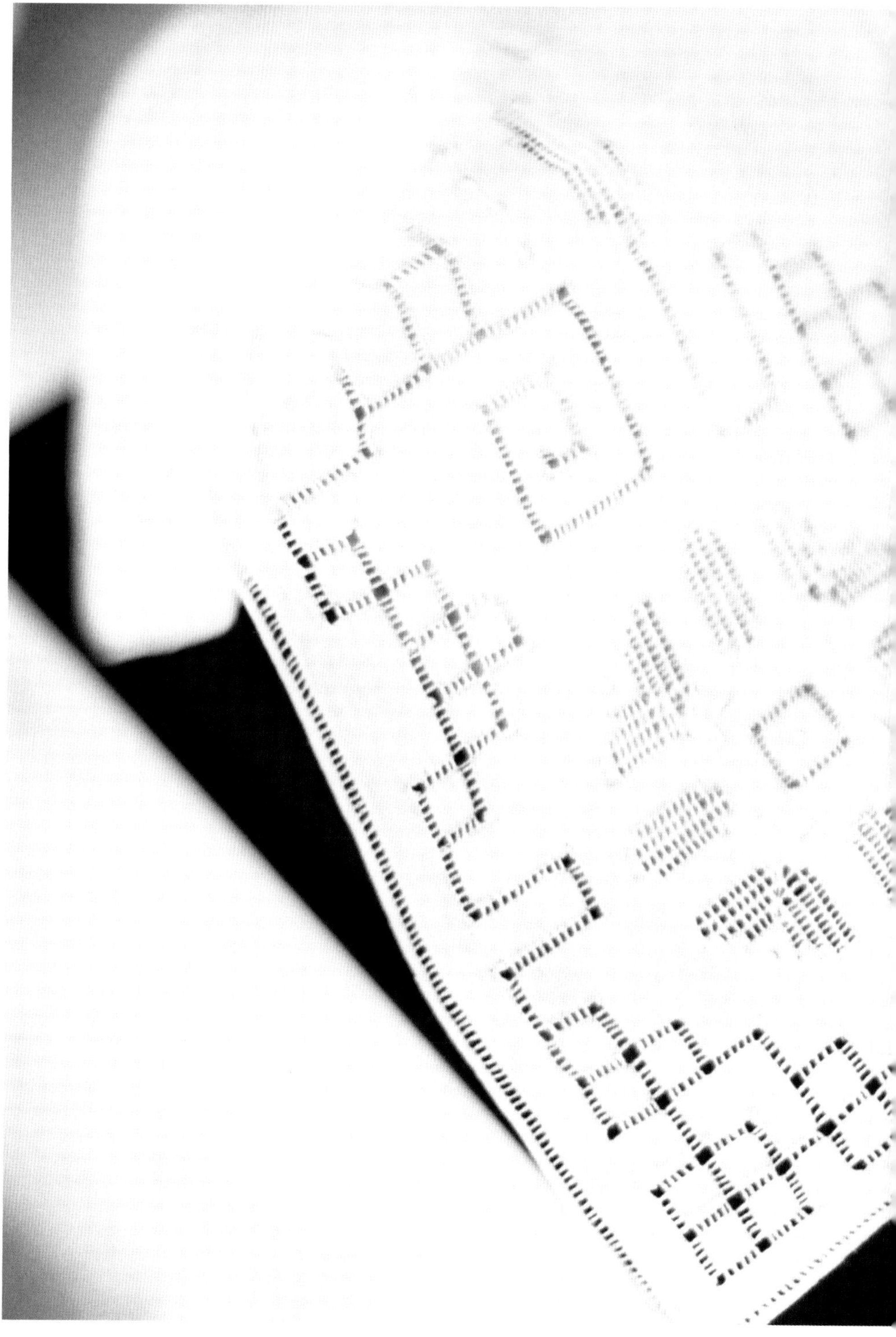